연산을 잡아야 수학이 쉬워진다!

# 기적의 중학연산

# 1A

Ⅰ. 소인수분해

Ⅱ. 정수와 유리수

Ⅲ. 정수와 유리수의 계산

Ⅳ. 정수와 유리수의 혼합 계산

## 1B

Ⅴ. 문자와 식

Ⅵ. 일차방정식

Ⅶ. 좌표평면과 그래프

# 기적의 중학연산 1A

**초판 발행** 2018년 12월 20일
**초판 22쇄** 2023년 12월 5일

**지은이** 기적학습연구소
**발행인** 이종원
**발행처** 길벗스쿨
**출판사 등록일** 2006년 6월 16일
**주소** 서울시 마포구 월드컵로 10길 56(서교동)
**대표 전화** 02)332-0931 | **팩스** 02)333-5409
**홈페이지** www.gilbutschool.co.kr | **이메일** gilbut@gilbut.co.kr

**기획 및 책임 편집** 이선정(dinga@gilbut.co.kr)
**제작** 이준호, 손일순, 이진혁 | **영업마케팅** 문세연, 박다슬 | **웹마케팅** 박달님, 정유리, 윤승현
**영업관리** 김명자, 정경화 | **독자지원** 윤정아, 최희창 | **편집진행 및 교정** 이선정
**표지 디자인** 정보라 | **표지 일러스트** 김다예 | **내지 디자인** 정보라
**전산편집** 보문미디어 | **CTP 출력·인쇄** 영림인쇄 | **제본** 영림제본



ISBN 979-11-88991-79-2 54410
(길벗 도서번호 10656)
정가 10,000원

# 머리말

**초등학교 땐 수학 좀 한다고 생각했는데, 중학교에 들어오니 갑자기 어렵나요?**

숫자도 모자라 알파벳이 나오질 않나, 어려워서 쩔쩔매는 내 모습에 부모님도 당황하시죠. 어쩌다 수학이 어려워졌을까요?

게임을 한다고 생각해 보세요. 매뉴얼을 열심히 읽는다고 해서, 튜토리얼 한 판 한다고 해서 끝판 왕이 될 수 있는 건 아니에요. 다양한 게임의 룰과 변수를 이해하고, 아이템도 활용하고, 여러 번 연습해서 내공을 쌓아야 비로소 만렙이 되는 거죠.
중학교 수학도 똑같아요. 개념을 이해하고, 손에 딱 붙을 때까지 여러 번 연습해야만 어떤 문제든 거뜬히 해결할 수 있어요.

알고 보면 수학이 갑자기 어려워진 게 아니에요. 단지 어렵게 '느낄' 뿐이죠. 꼭 연습해야 할 기본을 건너뛴 채 곧장 문제부터 해결하려 덤벼들면 어렵게 느끼는 게 당연해요.

자, 이제부터 중학교 수학의 1레벨부터 차근차근 기본기를 다져 보세요. 정확하게 개념을 이해한 다음, 충분히 손에 익을 때까지 연습해야겠죠? 지겹고 짜증나는 몇 번의 위기를 잘 넘기고 나면 어느새 최종판에 도착한 자신을 보게 될 거예요.
기본부터 공부하는 것이 당장은 친구들보다 뒤처지는 것 같더라도 걱정하지 마세요. 나중에는 실력이 쑥쑥 늘어서 수학이 쉽고 재미있게 느껴질 테니까요.

길벗스쿨 기적학습연구소

# 3단계 다면학습으로 다지는 중학 수학

### ❶단계 | 직관적 이미지 형성

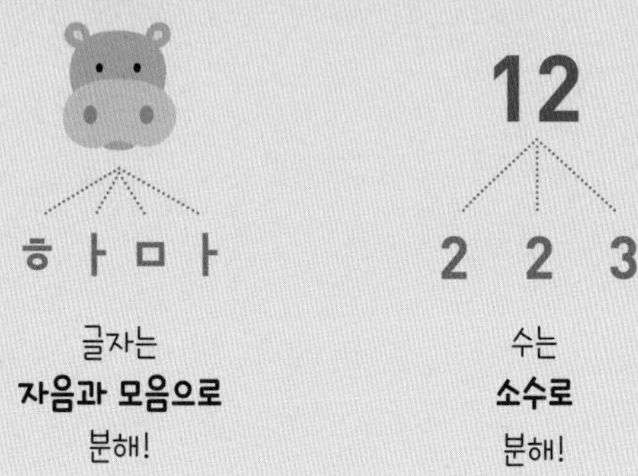


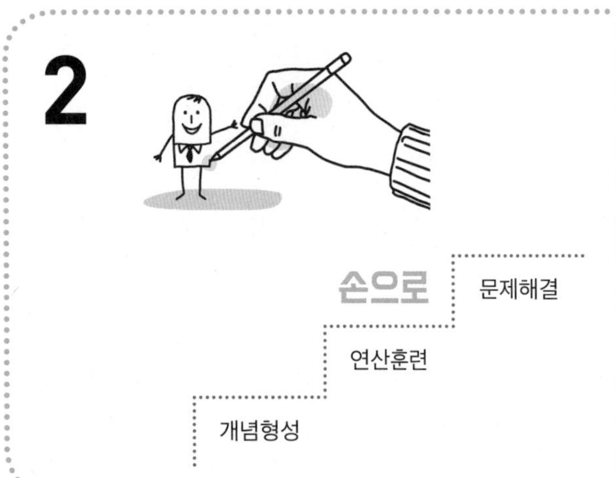


### ❷단계 | 수학적 개념 확립

**소인수분해의 수학적 정의**

: 1보다 큰 자연수를 소인수만의 곱으로 나타내는 것

12를 소인수분해하면?

$$12=2\times2\times3=2^2\times3$$

소인수　소인수

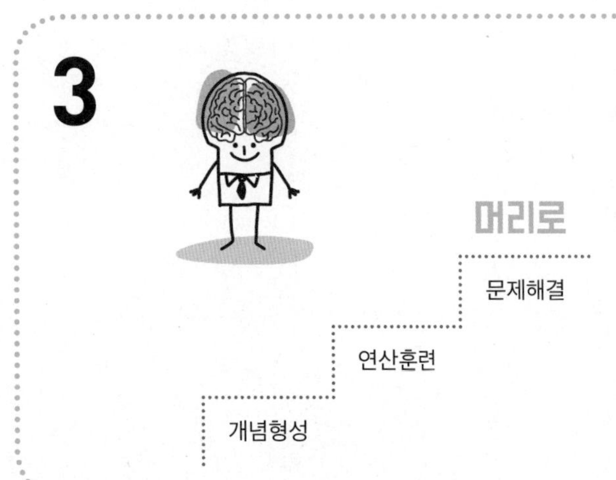


### ❸단계 | 개념의 적용 활용

12에 자연수 a를 곱하여 **어떤 자연수의 제곱**이 되도록 할 때, 가장 작은 자연수 a의 값을 구하시오.

**step1** 12를 소인수분해한다. → $12=2^2\times3$

**step2** 소인수 3의 지수가 1이므로 12에 3를 곱하면 $2^2\times3\times3=2^2\times3^2=36$으로 6의 제곱이 된다. 따라서 a=3이다.

눈으로 보고, 손으로 익히고, 머리로 적용하는 3단계 다면학습을 통해 직관적으로 이해한 개념을 수학적 언어로 표현하고 사용하면서 중학교 수학의 기본기를 다질 수 있습니다.

'사랑'이란 단어를 처음 들으면 어떤 사람은 빨간색 하트를, 또 다른 누군가는 어머니를 머릿속에 떠올립니다. '사랑'이란 단어에 개인의 다양한 경험과 사유가 더해지면서 구체적이고 풍부한 개념이 형성되는 것입니다.

그런데 학문적인 용어에 대해서는 직관적인 이미지를 무시하는 경향이 있습니다. 여러분은 '소인수분해'라는 단어를 들으면 어떤 이미지가 떠오르나요? 머릿속이 하얘지고 복잡한 수식만 둥둥 떠다니지 않나요? 바로 떠오르는 이미지가 없다면 아직 소인수분해의 개념이 제대로 형성되지 않은 것입니다. 소인수분해를 '소인수만의 곱으로 나타내는 것'이라는 딱딱한 설명으로만 접하면 수를 분해하는 원리를 이해하기 어렵습니다. 그러나 한글의 자음, 모음과 같이 기존에 알고 있던 지식과 비교하면서 시각적으로 이해하면 수의 구성을 직관적으로 이해할 수 있습니다. 이렇게 이미지화 된 개념을 추상적이고 논리적인 언어적 개념과 연결시키면 입체적인 지식 그물망을 형성할 수 있습니다.

눈으로만 이해한 개념은 아직 완전하지 않습니다. 스스로 소인수분해의 개념을 잘 이해했다고 생각해도 정확한 수학적 정의를 반복하여 적용하고 다루지 않으면 오개념이 형성되기 쉽습니다.

**<소인수분해에서 오개념이 불러오는 실수>**

**$12=3\times4$ (×) ← 4는 합성수이다.** **$12=1\times2^2\times3$ (×) ← 1은 소수도 합성수도 아니다.**

하나의 지식이 뇌에 들어와 정착하기까지는 여러 번 새겨 넣는 고착화 과정을 거쳐야 합니다. 이때 손으로 문제를 반복해서 풀어야 개념이 완성되고, 원리를 쉽게 이해할 수 있습니다. 소인수분해를 가지치기 방법이나 거꾸로 나눗셈 방법으로 여러 번 연습한 후, 자기에게 맞는 편리한 방법을 선택하여 자유자재로 풀 수 있을 때까지 훈련해야 합니다. 문제를 해결할 수 있는 무기를 만들고 다듬는 과정이라고 생각하세요.

개념과 연산을 통해 훈련한 내용만으로 활용 문제를 척척 해결하기는 어렵습니다. 그 내용을 어떻게 문제에 적용해야 할지 직접 결정하고 해결하는 과정이 남아 있기 때문입니다.

제곱인 수를 만드는 문제에서 첫 번째로 수행해야 할 것이 바로 소인수분해입니다. 앞에서 제대로 개념을 형성했다면 문제를 읽으면서 "수를 분해하여 구성 요소부터 파악해야만 제곱인 수를 만들기 위해 모자라거나 넘치는 것을 알 수 있다."라는 사실을 깨달을 수 있습니다.

실제 시험에 출제되는 문제는 이렇게 개념을 활용하여 한 단계를 거쳐야만 비로소 답을 구할 수 있습니다. 제대로 개념이 형성되어 있으면 문제를 접했을 때 어떤 개념이 필요한지 파악하여 적재적소에 적용하면서 해결할 수 있습니다. 따라서 다양한 유형의 문제를 접하고, 필요한 개념을 적용해 풀어 보면서 문제 해결 능력을 키우세요.

# 구성 및 학습설계 : 어떻게 볼까요?

## 1단계 눈으로 보는 VISUAL IDEA

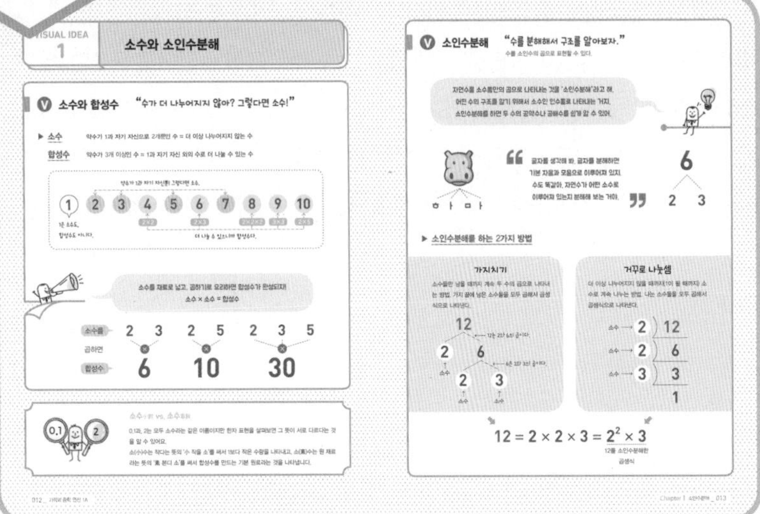


문제 훈련을 시작하기 전 가벼운 마음으로 읽어 보세요.

나무가 아니라 숲을 보아야 해요. 하나하나 파고들어 이해하기보다 위에서 내려다보듯 전체를 머릿속에 담아서 나만의 지식 그물망을 만들어 보세요.

## 2단계 손으로 익히는 ACT

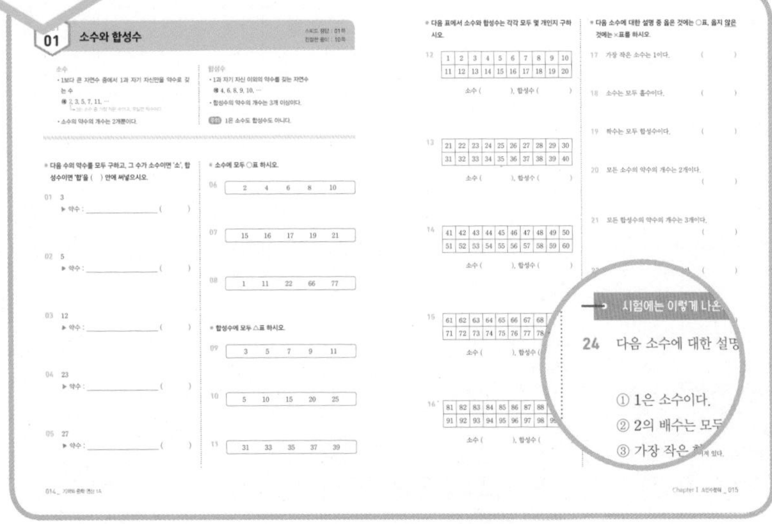


개념을 꼼꼼히 읽은 후 손에 익을 때까지 문제를 반복해서 풀어요.

완전히 이해될 때까지 쓰고 지우면서 풀고 또 풀어 보세요.

**시험에는 이렇게 나온대.**

학교 시험에서 기초 연산이 어떻게 출제되는지 알 수 있어요. 모양은 다르지만 기초 연산과 똑같이 풀면 되는 문제로 구성되어 있어요.

## 3단계 머리로 적용하는 ACT+

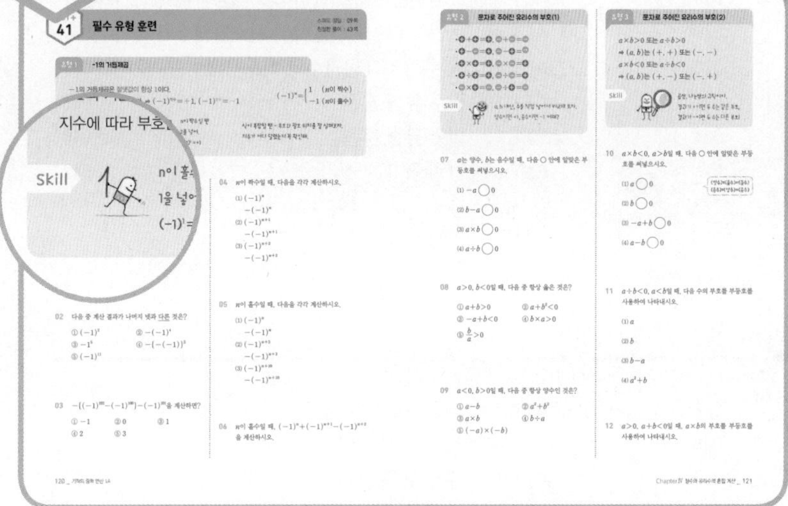

기초 연산 문제보다는 다소 어렵지만 꼭 익혀야 할 유형의 문제입니다. 차근차근 따라 풀 수 있도록 설계되어 있으므로 개념과 Skill을 적극 활용하세요.

**Skill**

문제 풀이의 tip을 말랑말랑한 표현으로 알려줍니다. 딱딱한 수식보다 효과적으로 유형을 이해할 수 있어요.

## Test 단원평가

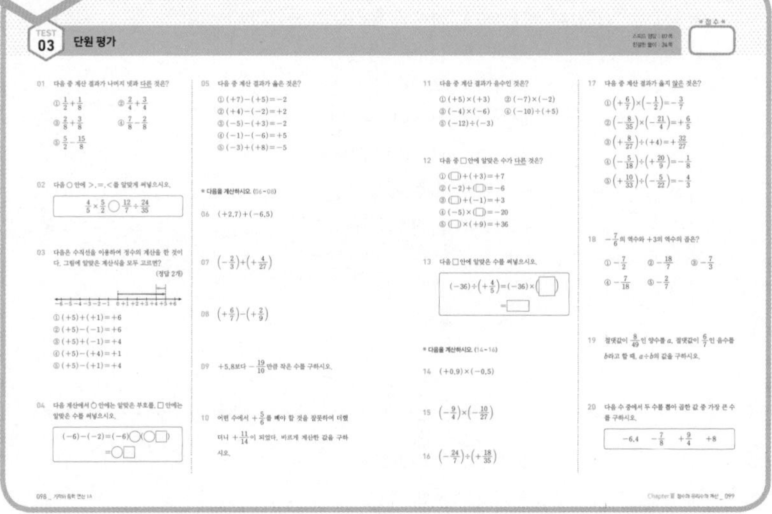

점수도 중요하지만, 얼마나 이해하고 있는지를 아는 것이 더 중요해요.
배운 내용을 꼼꼼하게 확인하고, 틀린 문제는 앞의 ACT나 ACT+로 다시 돌아가 한 번 더 연습하세요.

# 목차와 스케줄러

## Chapter Ⅰ 소인수분해



## Chapter Ⅱ 정수와 유리수



## Chapter Ⅲ 정수와 유리수의 계산



## Chapter Ⅳ 정수와 유리수의 혼합 계산

"하루에 공부할 양을 정해서, 매일매일 꾸준히 풀어요."

일주일에 5일 동안 공부하는 것을 목표로 합니다. 공부할 날짜를 적고, 일정을 지킬 수 있도록 노력하세요.

| ACT 01 | ACT 02 | ACT 03 | ACT 04 | ACT+ 05 | ACT 06 |
|---|---|---|---|---|---|
| 월 일 | 월 일 | 월 일 | 월 일 | 월 일 | 월 일 |
| ACT 07 | ACT 08 | ACT 09 | ACT 10 | ACT+ 11 | ACT+ 12 |
| 월 일 | 월 일 | 월 일 | 월 일 | 월 일 | 월 일 |
| TEST 01 | ACT 13 | ACT 14 | ACT 15 | ACT 16 | ACT 17 |
| 월 일 | 월 일 | 월 일 | 월 일 | 월 일 | 월 일 |
| ACT+ 18 | ACT+ 19 | TEST 02 | ACT 20 | ACT 21 | ACT 22 |
| 월 일 | 월 일 | 월 일 | 월 일 | 월 일 | 월 일 |
| ACT 23 | ACT 24 | ACT 25 | ACT 26 | ACT+ 27 | ACT 28 |
| 월 일 | 월 일 | 월 일 | 월 일 | 월 일 | 월 일 |
| ACT 29 | ACT 30 | ACT 31 | ACT+ 32 | TEST 03 | ACT 33 |
| 월 일 | 월 일 | 월 일 | 월 일 | 월 일 | 월 일 |
| ACT 34 | ACT 35 | ACT 36 | ACT 37 | ACT 38 | ACT 39 |
| 월 일 | 월 일 | 월 일 | 월 일 | 월 일 | 월 일 |
| ACT 40 | ACT+ 41 | TEST 04 | | | |
| 월 일 | 월 일 | 월 일 | | | |

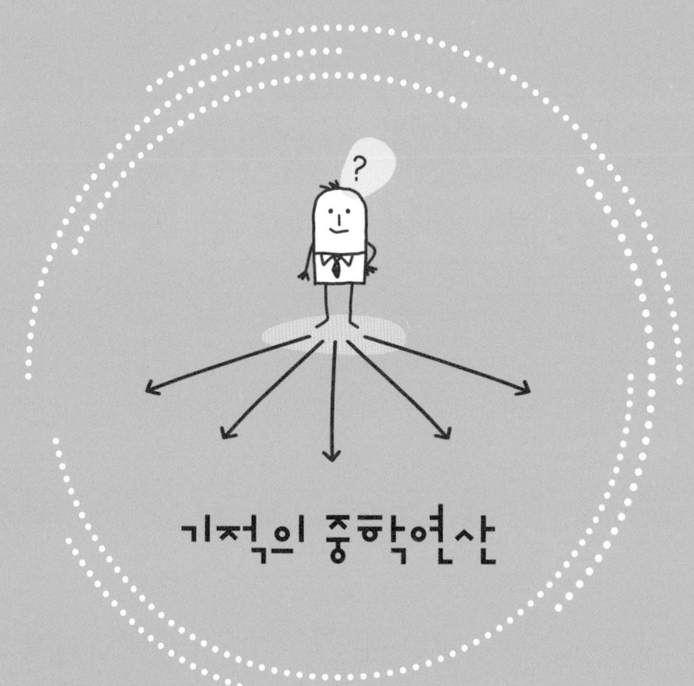
?
기적의 중학연산

# Chapter Ⅰ

# 소인수분해

keyword

소수, 합성수, 소인수분해,
최대공약수, 최소공배수

VISUAL IDEA 1

# 소수와 소인수분해

## V 소수와 합성수 "수가 더 나누어지지 않아? 그렇다면 소수!"

▶ **소수** 약수가 1과 자기 자신으로 2개뿐인 수 = 더 이상 나누어지지 않는 수

**합성수** 약수가 3개 이상인 수 = 1과 자기 자신 외의 수로 더 나눌 수 있는 수

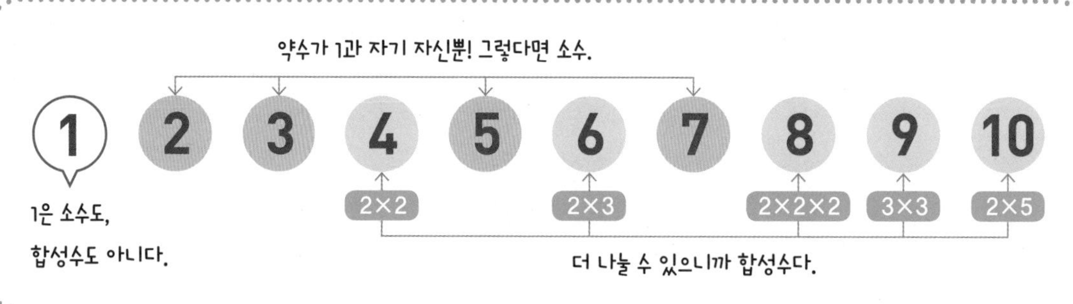


소수를 재료로 넣고, 곱하기로 요리하면 합성수가 완성되지!

소수 × 소수 = 합성수

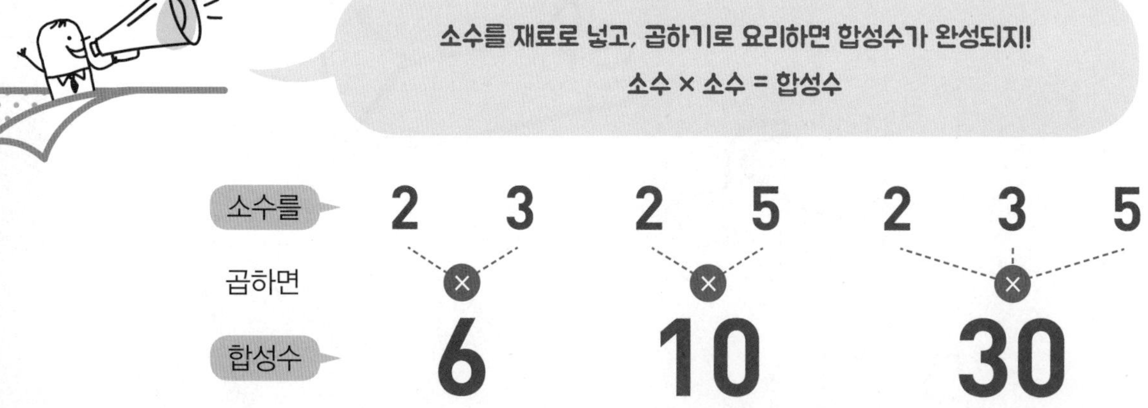

**소수小數 vs. 소수素數**

0.1과, 2는 모두 소수라는 같은 이름이지만 한자 표현을 살펴보면 그 뜻이 서로 다르다는 것을 알 수 있어요.

소(小)수는 작다는 뜻의 '小 작을 소'를 써서 1보다 작은 수량을 나타내고, 소(素)수는 원 재료라는 뜻의 '素 본디 소'를 써서 합성수를 만드는 기본 원료라는 것을 나타냅니다.

## Ⓥ 소인수분해 "수를 분해해서 구조를 알아보자."

수를 소인수의 곱으로 표현할 수 있다.

자연수를 소수들만의 곱으로 나타내는 것을 '소인수분해'라고 해. 어떤 수의 구조를 알기 위해서 소수인 인수들로 나타내는 거지. 소인수분해를 하면 두 수의 공약수나 공배수를 쉽게 알 수 있어.

"글자를 생각해 봐. 글자를 분해하면 기본 자음과 모음으로 이루어져 있지. 수도 똑같아. 자연수가 어떤 소수로 이루어져 있는지 분해해 보는 거야."

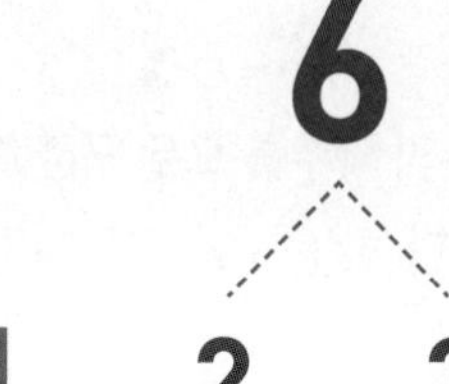


### ▶ 소인수분해를 하는 2가지 방법

#### 가지치기

소수들만 남을 때까지 계속 두 수의 곱으로 나타내는 방법. 가지 끝에 남은 소수들을 모두 곱해서 곱셈식으로 나타낸다.

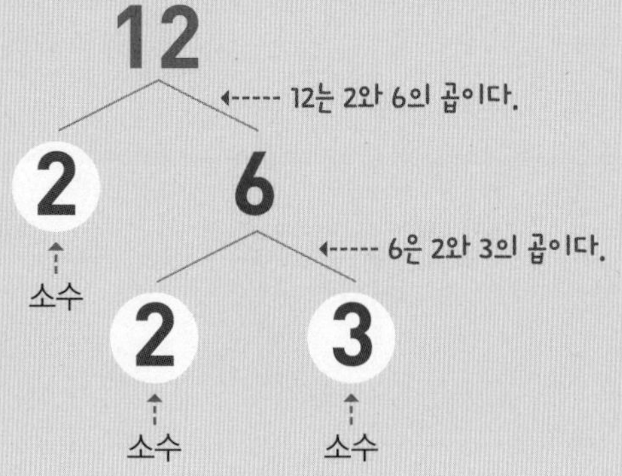


#### 거꾸로 나눗셈

더 이상 나누어지지 않을 때까지(1이 될 때까지) 소수로 계속 나누는 방법. 나눈 소수들을 모두 곱해서 곱셈식으로 나타낸다.

소수 → 2 ) 12
소수 → 2 ) 6
소수 → 3 ) 3
1

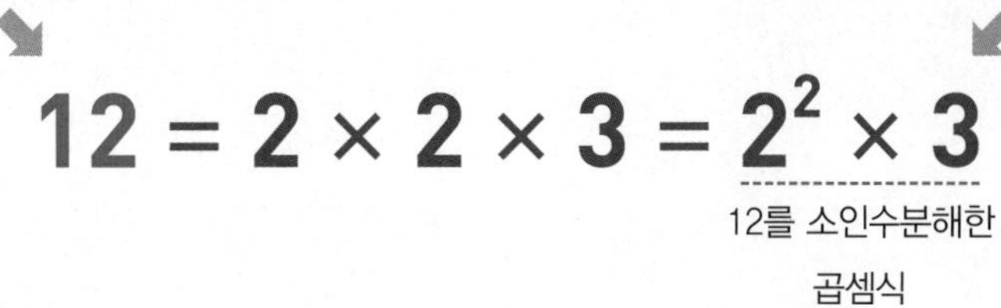

$$12 = 2 \times 2 \times 3 = 2^2 \times 3$$

12를 소인수분해한 곱셈식

ACT 01

# 소수와 합성수

스피드 정답 : 01쪽
친절한 풀이 : 10쪽

**소수**

- 1보다 큰 자연수 중에서 1과 자기 자신만을 약수로 갖는 수
  예 2, 3, 5, 7, 11, …
  └→ 2는 소수 중 가장 작은 수이고, 유일한 짝수이다.
- 소수의 약수의 개수는 2개뿐이다.

**합성수**

- 1과 자기 자신 이외의 약수를 갖는 자연수
  예 4, 6, 8, 9, 10, …
- 합성수의 약수의 개수는 3개 이상이다.

주의 1은 소수도 합성수도 아니다.

**＊ 다음 수의 약수를 모두 구하고, 그 수가 소수이면 '소', 합성수이면 '합'을 (　) 안에 써넣으시오.**

01 3
▶ 약수 : ________________ (　　　)

02 5
▶ 약수 : ________________ (　　　)

03 12
▶ 약수 : ________________ (　　　)

04 23
▶ 약수 : ________________ (　　　)

05 27
▶ 약수 : ________________ (　　　)

**＊ 소수에 모두 ○표 하시오.**

06 | 2 | 4 | 6 | 8 | 10 |

07 | 15 | 16 | 17 | 19 | 21 |

08 | 1 | 11 | 22 | 66 | 77 |

**＊ 합성수에 모두 △표 하시오.**

09 | 3 | 5 | 7 | 9 | 11 |

10 | 5 | 10 | 15 | 20 | 25 |

11 | 31 | 33 | 35 | 37 | 39 |

**＊ 다음 표에서 소수와 합성수는 각각 모두 몇 개인지 구하시오.**

**12**

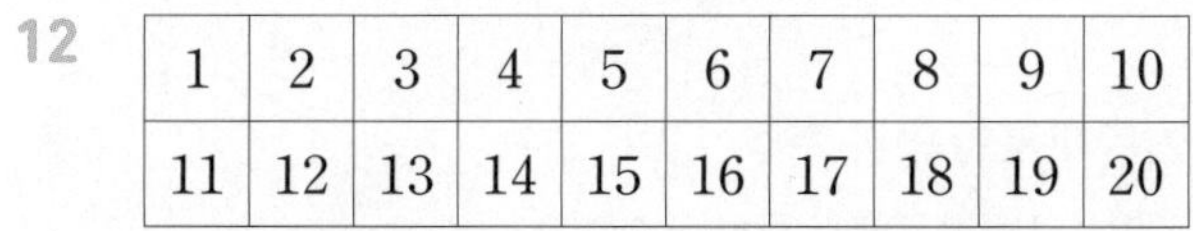

| 1 | 2 | 3 | 4 | 5 | 6 | 7 | 8 | 9 | 10 |
|---|---|---|---|---|---|---|---|---|---|
| 11 | 12 | 13 | 14 | 15 | 16 | 17 | 18 | 19 | 20 |

소수 (　　　　), 합성수 (　　　　)

**13**

| 21 | 22 | 23 | 24 | 25 | 26 | 27 | 28 | 29 | 30 |
|---|---|---|---|---|---|---|---|---|---|
| 31 | 32 | 33 | 34 | 35 | 36 | 37 | 38 | 39 | 40 |

소수 (　　　　), 합성수 (　　　　)

**14**

| 41 | 42 | 43 | 44 | 45 | 46 | 47 | 48 | 49 | 50 |
|---|---|---|---|---|---|---|---|---|---|
| 51 | 52 | 53 | 54 | 55 | 56 | 57 | 58 | 59 | 60 |

소수 (　　　　), 합성수 (　　　　)

**15**

| 61 | 62 | 63 | 64 | 65 | 66 | 67 | 68 | 69 | 70 |
|---|---|---|---|---|---|---|---|---|---|
| 71 | 72 | 73 | 74 | 75 | 76 | 77 | 78 | 79 | 80 |

소수 (　　　　), 합성수 (　　　　)

**16**

| 81 | 82 | 83 | 84 | 85 | 86 | 87 | 88 | 89 | 90 |
|---|---|---|---|---|---|---|---|---|---|
| 91 | 92 | 93 | 94 | 95 | 96 | 97 | 98 | 99 | 100 |

소수 (　　　　), 합성수 (　　　　)

**＊ 다음 소수에 대한 설명 중 옳은 것에는 ○표, 옳지 않은 것에는 ×표를 하시오.**

**17** 가장 작은 소수는 1이다. (　　　　)

**18** 소수는 모두 홀수이다. (　　　　)

**19** 짝수는 모두 합성수이다. (　　　　)

**20** 모든 소수의 약수의 개수는 2개이다. (　　　　)

**21** 모든 합성수의 약수의 개수는 3개이다. (　　　　)

**22** 10 이하의 소수는 모두 4개이다. (　　　　)

**23** 자연수 중 소수가 아닌 수는 모두 합성수이다. (　　　　)

**시험에는 이렇게 나온대.**

**24** 다음 소수에 대한 설명 중 옳은 것을 모두 고르면? (정답 2개)

① 1은 소수이다.
② 2의 배수는 모두 합성수이다.
③ 가장 작은 합성수는 4이다.
④ 소수 중 홀수가 아닌 것도 있다.
⑤ 자연수는 소수와 합성수로 이루어져 있다.

ACT 02

# 거듭제곱

스피드 정답 : 01쪽
친절한 풀이 : 10쪽

### 거듭제곱

같은 수를 여러 번 곱한 결과를 곱하는 수와 곱한 횟수를 이용하여 간단히 나타낸 것

예 2의 거듭제곱 ➡ $2\times2=2^2$(2의 제곱)
$2\times2\times2=2^3$(2의 세제곱)
$2\times2\times2\times2=2^4$(2의 네제곱)

참고 $2^1=2$로 생각한다.

### 거듭제곱의 밑과 지수

- 밑 : 거듭제곱에서 곱하는 수
- 지수 : 거듭제곱에서 밑을 곱한 횟수

$\underbrace{2\times2\times2}_{3번}=2^3$ (3 ← 지수, 2 ← 밑)

* 다음 거듭제곱의 밑과 지수를 쓰시오.

01 $3^2$ ➡ 밑 ( ), 지수 ( )

02 $7^2$ ➡ 밑 ( ), 지수 ( )

03 $8^{11}$ ➡ 밑 ( ), 지수 ( )

04 $10^4$ ➡ 밑 ( ), 지수 ( )

05 $\left(\frac{1}{2}\right)^3$ ➡ 밑 ( ), 지수 ( )

06 $\left(\frac{1}{10}\right)^7$ ➡ 밑 ( ), 지수 ( )

07 $\left(\frac{4}{7}\right)^6$ ➡ 밑 ( ), 지수 ( )

08 $\left(\frac{3}{5}\right)^8$ ➡ 밑 ( ), 지수 ( )

* 다음을 거듭제곱을 사용하여 나타내시오.

09 $3\times3\times3\times3=3^{\square}$

10 $5\times5\times5\times5\times5$

11 $7\times7\times7\times7\times7\times7$

12 $2\times2\times5\times5\times5=2^{\square}\times5^{\square}$

같은 수끼리의 곱만을 거듭제곱으로 나타낼 수 있어.

13 $3\times7\times7\times7\times7$

14 $3\times3\times5\times5\times5\times7\times7\times7\times7$

15 $5\times5\times2\times2\times5\times5\times2\times2\times2$

16 $7\times7\times5\times7\times11\times11\times5\times7$

* 다음 분수의 곱을 거듭제곱을 사용하여 나타내시오.

**17** (1) $\frac{1}{2}\times\frac{1}{2}\times\frac{1}{2}=\left(\frac{1}{2}\right)^{\square}$

(2) $\frac{1}{2}\times\frac{1}{2}\times\frac{1}{2}=\frac{1\times1\times1}{2\times2\times2}=\frac{1}{2^{\square}}$

**18** $\frac{1}{5}\times\frac{1}{5}\times\frac{1}{5}\times\frac{1}{5}=\frac{1}{5\times5\times5\times5}=\frac{1}{5^{\square}}$

**19** $\frac{1}{13}\times\frac{1}{13}\times\frac{1}{13}\times\frac{1}{13}\times\frac{1}{13}$

**20** $\frac{1}{2\times2\times2\times5}$

**21** $\frac{2}{3}\times\frac{2}{3}$

**22** $\frac{3}{5}\times\frac{3}{5}\times\frac{3}{5}$

**23** $\frac{7}{11}\times\frac{7}{11}\times\frac{7}{11}\times\frac{7}{11}$

**24** $\frac{1}{3}\times\frac{1}{3}\times\frac{1}{7}\times\frac{1}{7}\times\frac{1}{7}$

* 다음 거듭제곱의 값을 구하시오.

**25** (1) $1^3=1\times1\times1=\square$

1의 거듭제곱은 항상 1이야.

(2) $1^5$

(3) $1^{10}$

(4) $1^{1004}$

**26** (1) $10^2$

n이 자연수일 때, $10^n$은 1에 0을 n개 붙인 것과 같아.

(2) $10^3$

(3) $10^4$

(4) $10^5$

**27** (1) $\left(\frac{2}{3}\right)^3$

(2) $\frac{2^3}{3^3}$

**28** (1) $\left(\frac{1}{10}\right)^4$

(2) $\frac{1}{10^4}$

시험에는 이렇게 나온대.

**29** 다음 중 옳은 것을 모두 고르면? (정답 2개)

① $7^3$의 밑은 7, 지수는 3이다.

② $2^5=2\times5$

③ $3+3+3+3=3^4$

④ $2\times2\times3\times3\times3=2^2+3^3$

⑤ $\left(\frac{1}{5}\right)^2=\frac{1}{5^2}$

ACT 03

# 소인수분해

스피드 정답 : 01쪽
친절한 풀이 : 11쪽

### 소인수분해

• 인수 : 자연수 $a$, $b$, $c$에 대하여 $a=b\times c$일 때 $b$, $c$는 $a$의 인수
　↳ $b$, $c$는 $a$의 약수이기도 하다.

• 소인수 : 어떤 자연수의 인수 중 소수인 것

• 소인수분해 : 1보다 큰 자연수를 소인수만의 곱으로 나타내는 것

### 소인수분해하는 방법

① 가지치기

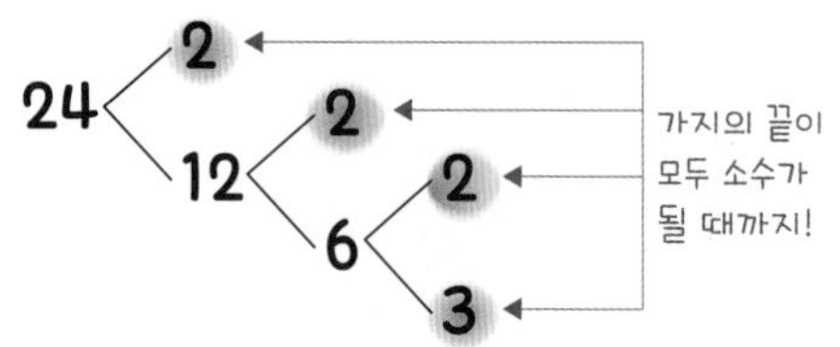


② 거꾸로 나누기

$$\begin{array}{r|l} 2 & 24 \\ 2 & 12 \\ 2 & 6 \\ & 3 \end{array}$$

← 몫이 소수가 될 때까지!

➡ 24를 소인수분해하면 $24=2\times2\times2\times3=2^3\times3$ ← 같은 소인수의 곱은 거듭제곱으로 나타내는 것이 편리해!

---

＊ 다음 수의 인수를 모두 구하고, 그중 소인수에 모두 ○표 하시오.

**01** 4

**02** 10

**03** 16

**04** 25

**05** 32

**06** 45

＊ 다음은 자연수를 소인수분해하는 과정이다. □ 안에 알맞은 수를 써넣으시오.

**07** $36=2\times\square$
$=2\times\square\times9$
$=2\times\square\times\square\times\square$
$=2^{\square}\times\square$

**08** $84=2\times\square$
$=2\times2\times\square$
$=2\times2\times\square\times\square$
$=2^{\square}\times\square\times\square$

소인수분해한 결과는 보통 크기가 작은 소인수부터 차례대로 써.

**09** $100=2\times\square$
$=2\times2\times\square$
$=2\times2\times\square\times\square$
$=2^{\square}\times\square$

＊ 다음 수를 가지치기 방법으로 소인수분해하시오.

10 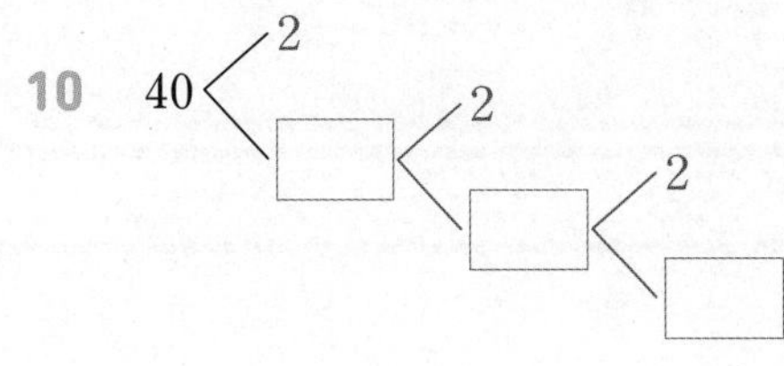

▶ $40=2^{\square}\times\square$

11 $45$ <

▶ $45=$ ________________

12 $96$ <

▶ $96=$ ________________

13 $175$ <

▶ $175=$ ________________

＊ 다음 수를 거꾸로 나누어 소인수분해하시오.

14 $\square$ ) 12
$\square$ ) 6
3

▶ $12=\square\times 3$

15 ) 28

▶ $28=$ ________________

16 ) 30

▶ $30=$ ________________

17 ) 56

▶ $56=$ ________________

시험에는 이렇게 나온대.

18 72를 소인수분해하면 $2^a\times3^b$이다. 이때 자연수 $a$, $b$에 대하여 $a-b$의 값을 구하시오.

VISUAL IDEA 2

# 소인수분해와 약수의 관계

## Ⅴ 곱셈과 배수, 나눗셈과 약수

곱셈과 나눗셈은 서로 역연산 관계인 것, 알고 있지?
6÷2=3이고 2×3=6이니까, 곱셈식은 나눗셈식으로 바꿀 수 있어.
약수와 배수도 똑같아. 6은 2의 배수이고, 2는 6의 약수이지!

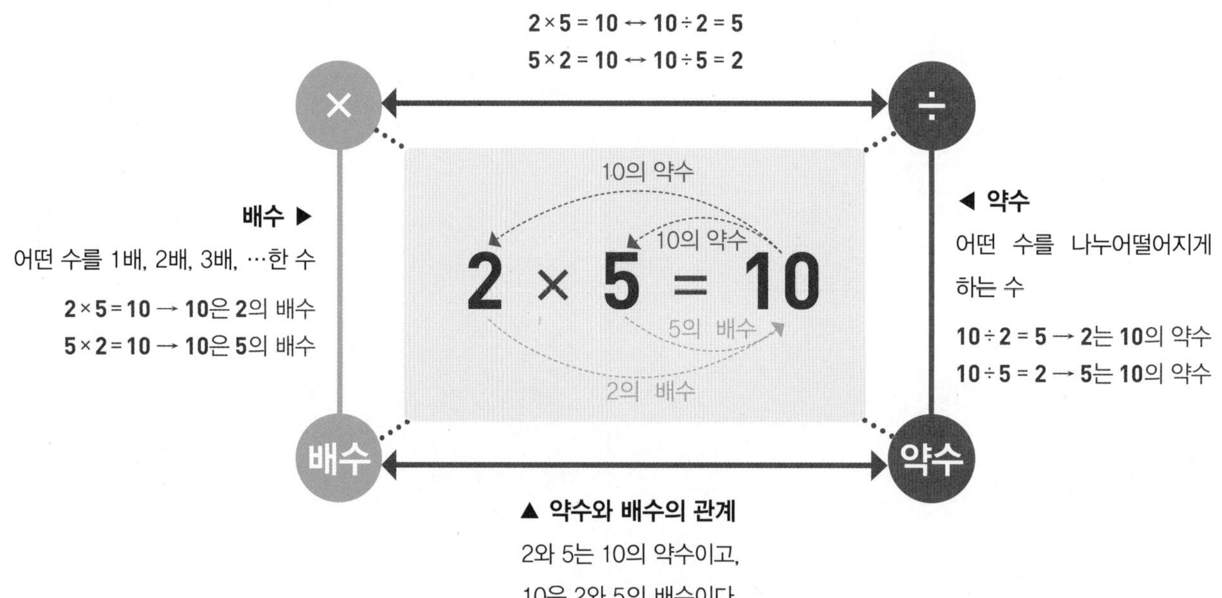


### 약수와 인수

약수와 인수는 서로 같은데 왜 부르는 이름이 다를까요? 약수는 나눗셈, 인수는 곱셈에서 정의되는 개념이기 때문입니다.

6을 나누어떨어지게 만드는 수, 즉 6÷1, 6÷2, 6÷3, 6÷6에서 나누는 수 1, 2, 3, 6은 6의 약수라고 합니다. 반대로 곱해서 6을 만드는 수, 즉 1×6, 2×3에서 1, 2, 3, 6은 6의 인수라고 부릅니다.

## 소인수분해와 약수 "소인수끼리 묶어서 약수를 찾자."

어떤 수의 소인수끼리 곱하면 어떤 수의 약수가 된다.

100을 소인수분해하면 100=2×2×5×5이니까 2와 5는 100의 약수!
100=(2×2)×(5×5)=4×25도 되니까 4, 25도 100의 약수이지.
즉 소인수분해한 곱셈식의 소수를 조합하면 약수를 모두 구할 수 있어.

| | 소인수분해 | | 약수 |
|---|---|---|---|
| 100 = | (2)× 2 ×(5)× 5 | ➡ | 2, 5 |
| | (2 × 2)×(5 × 5) | ➡ | 4, 25 |
| | 2 ×(2 × 5)× 5 | ➡ | 10 |
| | (2 × 2 × 5)× 5 | ➡ | 20 |
| | 2 ×(2 × 5 × 5) | ➡ | 50 |

1과 자기 자신은 항상 약수에 포함된다!

"표를 이용하면 더 쉽게 찾을 수 있어. 100을 소인수분해하면 $100=2^2\times5^2$이므로 $2^2$의 약수와 $5^2$의 약수로 표를 만들자."

$5^2$의 약수

| × | $1\ (=5^0)$ | $5\ (=5^1)$ | $25\ (=5^2)$ |
|---|---|---|---|
| $1\ (=2^0)$ | 1×1=**1** | 1×5=**5** | 1×25=**25** |
| $2\ (=2^1)$ | 2×1=**2** | 2×5=**10** | 2×25=**50** |
| $4\ (=2^2)$ | 4×1=**4** | 4×5=**20** | 4×25=**100** |

($2^2$의 약수: 행)

100의 약수 : 1, 2, 4, 5, 10, 20, 25, 50, 100 ➡ 9개

ACT 04

# 소인수분해를 이용하여 약수 구하기

스피드 정답 : 01쪽
친절한 풀이 : 12쪽

### 소인수분해와 약수의 관계

8을 소인수분해하면 $8=2^3$이다.
이때 $1, 2, 2^2(=4), 2^3(=8)$은 8을 나누어떨어지게 하는 수이므로 8의 약수이다.

$8=2^3$
$=2^2\times2$
$=2\times2^2$
$=1\times2^3$
↑
8의 약수

### 소인수분해를 이용하여 약수 구하기

$72=2^3\times3^2$이므로 72의 약수는 $2^3$의 약수와 $3^2$의 약수의 곱의 꼴로 나타낼 수 있다.

$3^2$의 약수

| | × | 1 | 3 | $3^2$ |
|---|---|---|---|---|
| $2^3$의 약수 | 1 | $1\times1=1$ | $1\times3=3$ | $1\times3^2=9$ |
| | 2 | $2\times1=2$ | $2\times3=6$ | $2\times3^2=18$ |
| | $2^2$ | $2^2\times1=4$ | $2^2\times3=12$ | $2^2\times3^2=36$ |
| | $2^3$ | $2^3\times1=8$ | $2^3\times3=24$ | $2^3\times3^2=72$ |

➡ 72의 약수 : 1, 2, 3, 4, 6, 8, 9, 12, 18, 24, 36, 72

---

* 다음 수의 약수를 모두 구하시오.

**01** $3^3$의 약수 : $1, 3, 3^{\square}, 3^{\square}$

➡ 1, 3, ☐, ☐

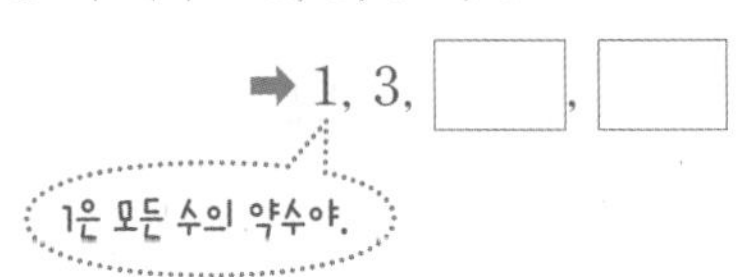


**02** $7^3$

**03** $13^2$

**04** 32

**05** 81

**06** 125

* 다음 수의 약수를 모두 찾아 ○표 하시오.

**07** $3\times11$

1　3　11　14　$3^{11}$
$11^3$　$3\times11$　$3^{11}\times11$

**08** $2^2\times7$

1　2　$2^2$　7　$7^2$
$2\times7$　$2^2\times7$　$2\times7^2$

**09** $3^2\times5^2$

1　3　$3^2$　5　$5^2$
$3\times5$　$3^2\times5$　$3^3\times5$
$3\times5^2$　$3^2\times5^2$　$3^3\times5^2$

＊ 다음 표를 이용하여 주어진 수의 약수를 모두 구하시오.

**10** $14=2\times7$

| $\times$ | 1 | 7 |
|---|---|---|
| 1 | $1\times1=$ | $1\times7=$ |
| 2 | $2\times1=$ | $2\times7=$ |

▶ 약수 : ______________________

**11** $18=2\times3^2$

| $\times$ | 1 | 3 | $3^2$ |
|---|---|---|---|
| 1 | $1\times1=$ | $1\times3=$ | $1\times3^2=$ |
| 2 | $2\times1=$ | $2\times3=$ | $2\times3^2=$ |

▶ 약수 : ______________________

**12** $20=2^2\times5$

| $\times$ | 1 | 5 |
|---|---|---|
| 1 | | |
| 2 | | |
| $2^2$ | | |

▶ 약수 : ______________________

**13** $36=2^2\times3^2$

| $\times$ | 1 | 3 | $3^2$ |
|---|---|---|---|
| 1 | | | |
| 2 | | | |
| $2^2$ | | | |

▶ 약수 : ______________________

＊ 소인수분해를 이용하여 다음 수의 약수를 모두 구하시오.

**14** 21

▶ 약수 : ______________________

**15** 75

▶ 약수 : ______________________

**16** 108

▶ 약수 : ______________________

시험에는 이렇게 나온대.

**17** 다음 중 54의 약수가 아닌 것은?

① 2 ② 3 ③ $3^2$
④ $2\times3^2$ ⑤ $2^2\times3^3$

ACT+ 05

# 필수 유형 훈련

스피드 정답 : 01쪽
친절한 풀이 : 12쪽

## 유형 1 제곱인 수 만들기

**제곱인 수**: 1, 4, 9, 16, 25, …와 같이 어떤 수를 제곱하여 얻은 수

제곱인 수를 소인수분해하면 각 소인수들의 지수가 모두 짝수이다. 예 $36=2^2\times3^2$, $100=2^2\times5^2$

Skill

① 주어진 수를 소인수분해한다.

② 모든 소인수의 지수가 짝수가 되도록 지수가 홀수인 소인수를 곱하거나 나눈다.

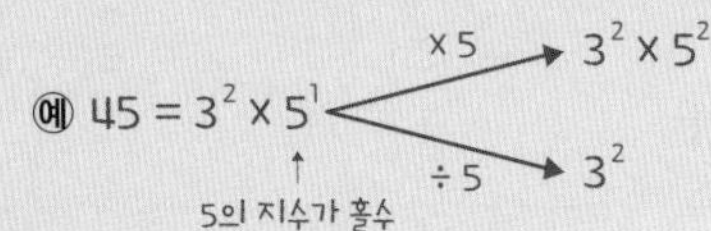


**01** 다음 수에 어떤 자연수를 곱하여 제곱인 수를 만들 때, 곱할 수 있는 가장 작은 자연수를 구하시오.

(1) 12

(2) 56

(3) 245

**02** 다음 수를 어떤 자연수로 나누어 제곱인 수를 만들 때, 나눌 수 있는 가장 작은 자연수를 구하시오.

(1) 63

(2) 90

(3) 500

**03** $3^5\times7$에 자연수 $a$를 곱하여 제곱인 수를 만들 때, 가장 작은 자연수 $a$의 값을 구하시오.

**04** 32에 자연수 $a$를 곱하여 어떤 자연수의 제곱이 되도록 할 때, 가장 작은 자연수 $a$의 값을 구하시오.

**05** 180을 자연수 $a$로 나누어 어떤 자연수의 제곱이 되도록 할 때, 다음 중 $a$의 값이 될 수 있는 것을 모두 고르면? (정답 2개)

① 5 ② 10 ③ 15
④ 20 ⑤ 25

## 유형 2 약수의 개수 구하기

자연수 $N$이
$N=a^m \times b^n$($a$, $b$는 서로 다른 소수, $m$, $n$은 자연수)
의 꼴로 소인수분해될 때, $N$의 약수의 개수는
$(m+1) \times (n+1)$개이다.
$a^m$의 약수의 개수 $b^n$의 약수의 개수

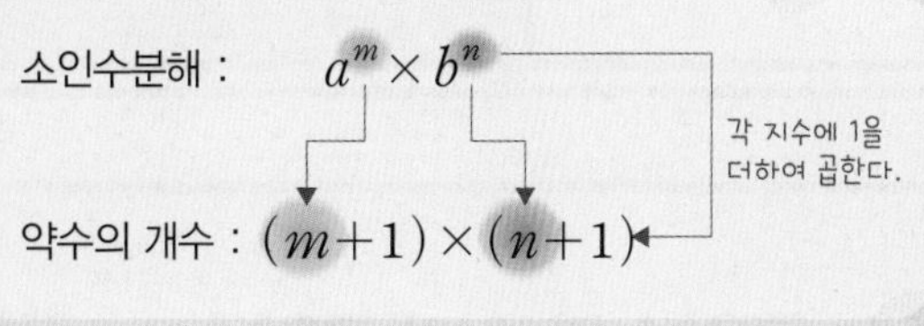
소인수분해 : $a^m \times b^n$
각 지수에 1을 더하여 곱한다.
약수의 개수 : $(m+1) \times (n+1)$

**06** 다음 수의 약수의 개수를 구하시오.

(1) $3 \times 5^3$

(2) $2^3 \times 7^2$

(3) $5^2 \times 13^4$

(4) $11 \times 29^2$

**07** 다음 수를 소인수분해하고, 약수의 개수를 구하시오.

(1) 40
▶ 약수의 개수 :

(2) 64
▶ 약수의 개수 :

(3) 225
▶ 약수의 개수 :

(4) 297
▶ 약수의 개수 :

**08** 다음 중 52와 약수의 개수가 같은 것은?

① $2 \times 3$ ② $5^6$ ③ $2^3 \times 5^2$
④ $3^2 \times 5^2$ ⑤ $5^2 \times 11$

**09** $7^3 \times 13^a$의 약수의 개수가 32개일 때, 자연수 $a$의 값은?

① 3 ② 4 ③ 7
④ 8 ⑤ 9

**10** $a \times 5^3$의 약수의 개수가 12개일 때, 다음 중 자연수 $a$의 값이 될 수 있는 것은?

① 2 ② 3 ③ 4
④ 8 ⑤ 10

VISUAL IDEA 3

# 공약수와 최대공약수, 공배수와 최소공배수

## Ⓥ 공약수와 최대공약수

**"두 수에 공통으로 곱해진 인수를 찾자."**

소인수분해 후 공통인 인수의 조합 중 가장 큰 수가 최대공약수이다.

초등학교 때 최대공약수와 최소공배수를 배웠던 것 기억하고 있어?
우리는 이제 중학생이고, 소인수분해도 배웠잖아.
이걸 이용하면 최대공약수와 최소공배수를 훨씬 쉽게 구할 수 있어.

### ▶ 공약수

**"두 수의 공통인 약수"**

두 수를 소인수분해하여 공통으로 곱해진 인수를 조합하면 공약수가 된다.

$$\begin{cases} 60 = \boxed{2} \times 2 \times 3 \times 5 \\ 150 = \boxed{2} \times 3 \times 5 \times 5 \end{cases}$$

60과 150의 공약수

$$\begin{cases} 60 = 2 \times \boxed{2 \times 3} \times 5 \\ 150 = \boxed{2 \times 3} \times 5 \times 5 \end{cases}$$

6

60과 150의 공약수

### ▶ 최대공약수

**"공약수 중에서 가장 큰 수"**

$$\begin{cases} 60 = 2 \times \boxed{2 \times 3 \times 5} \\ 150 = \boxed{2 \times 3 \times 5} \times 5 \end{cases}$$

30

60과 150의 최대공약수

❶ 두 수를 각각 소인수분해한다.

❷ 공통으로 곱해진 인수를 모두 찾는다.

❸ ❷에서 찾은 인수를 모두 곱한다.

## Ⅴ 공배수와 최소공배수

**"공통인 인수에 남은 인수까지 다 곱해."**

최대공약수와 남아있는 인수를 모두 곱하면 최소공배수가 된다.

### ▶ 공배수

**"두 수의 공통인 배수"**

12를 소인수분해한 식에 5를 곱하고, 30을 소인수분해한 식에 2를 곱하면 두 식이 서로 같아지므로 60은 공통인 배수가 된다.

$12 = 2 \times 2 \times 3 \Rightarrow 2 \times 2 \times 3 \times 5 = 60$ (12의 (5)배수)

$30 = 2 \times 3 \times 5 \Rightarrow 2 \times 2 \times 3 \times 5 = 60$ (30의 (2)배수)

12와 30의 공배수

$12 = 2 \times 2 \times 3 \Rightarrow 2 \times 2 \times 2 \times 3 \times 5 \times 7 = 840$ (12의 (2×5×7)배수)

$30 = 2 \times 3 \times 5 \Rightarrow 2 \times 2 \times 2 \times 3 \times 5 \times 7 = 840$ (30의 (2×2×7)배수)

12와 30의 공배수

### ▶ 최소공배수

**"공배수 중에서 가장 작은 수"**

$12 = 2 \times 2 \times 3 \Rightarrow 2 \times 2 \times 3 \times 5 = 60$

$30 = 2 \times 3 \times 5 \Rightarrow 2 \times 3 \times 5 \times 2 = 60$

최대공약수 (공통인 부분)

최대공약수를 제외한 나머지 인수를 서로 반대편에 곱한다.

12와 30의 최소공배수

❶ 두 수의 최대공약수를 구한다.

❷ 최대공약수를 제외한 남은 인수들을 다른 수에 각각 곱하여 두 식을 같게 만든다.

ACT 06

# 최대공약수와 최소공배수

스피드 정답 : 02쪽
친절한 풀이 : 13쪽

### 공약수와 최대공약수

- 공약수 : 두 개 이상의 자연수의 공통인 약수
- 최대공약수 : 공약수 중 가장 큰 수
- 서로소 : 최대공약수가 1인 두 자연수

  예 3과 10의 최대공약수는 1 ➡ 3과 10은 서로소
- 최대공약수의 성질

  두 개 이상의 자연수의 공약수는 그 수들의 최대공약수의 약수이다.

### 공배수와 최소공배수

- 공배수 : 두 개 이상의 자연수의 공통인 배수
- 최소공배수 : 공배수 중 가장 작은 수
- 최소공배수의 성질

  ① 두 개 이상의 자연수의 공배수는 그 수들의 최소공배수의 배수이다.

  ② 서로소인 두 자연수의 최소공배수는 그 두 자연수의 곱과 같다.

---

* 다음 두 수의 약수, 공약수, 최대공약수를 각각 구하시오.

**01** 25, 35

(1) 25의 약수

(2) 35의 약수

(3) 공약수

(4) 최대공약수

**02** 36, 54

(1) 36의 약수

(2) 54의 약수

(3) 공약수

(4) 최대공약수

**03** 40, 50

(1) 40의 약수

(2) 50의 약수

(3) 공약수

(4) 최대공약수

* 다음 두 수의 배수, 공배수, 최소공배수를 각각 구하시오.

**04** 4, 6

(1) 4의 배수

(2) 6의 배수

(3) 공배수

(4) 최소공배수

**05** 8, 12

(1) 8의 배수

(2) 12의 배수

(3) 공배수

(4) 최소공배수

**06** 10, 15

(1) 10의 배수

(2) 15의 배수

(3) 공배수

(4) 최소공배수

* 다음 중 두 수가 서로소인 것은 ○표, 서로소가 아닌 것은 ×표를 하시오.

07 2, 7 ( )

08 5, 14 ( )

09 6, 21 ( )

10 7, 25 ( )

11 13, 52 ( )

* 다음 서로소에 대한 설명 중 옳은 것에는 ○표, 옳지 않은 것에는 ×표를 하시오.

12 서로 다른 두 소수는 항상 서로소이다. ( )

13 서로 다른 두 홀수는 항상 서로소이다. ( )

14 서로소인 두 자연수의 공약수는 1뿐이다. ( )

15 2와 서로소인 짝수는 없다. ( )

16 서로소인 두 자연수의 곱은 두 수의 최소공배수이다. ( )

* 어떤 두 자연수의 최대공약수가 다음과 같을 때, 이 두 수의 공약수를 모두 구하시오.

17 9

18 12

19 46

* 어떤 두 자연수의 최소공배수가 다음과 같을 때, 이 두 수의 공배수를 작은 수부터 차례대로 3개씩 구하시오.

20 8

21 16

22 25

* 다음 두 수는 서로소이다. 이 두 수의 공배수 중 100 이하인 것을 모두 구하시오.

23 3, 5

서로소인 두 수의 최소공배수는 두 수의 곱이야.

24 4, 7

25 5, 6

ACT 07

# 나눗셈을 이용하여 최대공약수와 최소공배수 구하기

스피드 정답 : 02쪽
친절한 풀이 : 14쪽

❶ 두 수의 공약수로 각 수를 나눈다.

2) 12 18
　　6　9

❷ 몫의 공약수가 1 밖에 없을 때까지 계속 나누어 준다.

2) 12 18
3) 6　9
　　2　3
(서로소)

**최대공약수**

❸ 나눈 공약수를 모두 곱한다.

2) 12 18
3) 6　9
　　2　3

→ (최대공약수) $=2\times3=6$

**최소공배수**

❸ 나눈 공약수와 마지막 몫을 모두 곱한다.

2) 12 18
3) 6　9
　　2　3

→ (최소공배수) $=2\times3\times2\times3$ $=36$

---

＊ 다음은 두 수의 최대공약수와 최소공배수를 구하는 과정이다. □ 안에 알맞은 수를 써넣으시오.

**01**

3) 6　15
　　2　5

▶ (최대공약수)=□

(최소공배수)=□×2×5=□

**02**

2) 10　14
　　5　□

▶ (최대공약수)=□

(최소공배수)=2×5×□=□

**03**

2) 18　30
□) □　15
　　3　□

▶ (최대공약수)=2×□=□

(최소공배수)=2×□×3×□=□

＊ 다음 두 수의 최대공약수와 최소공배수를 각각 구하시오.

**04**

) 15　50

▶ (최대공약수)=

(최소공배수)=

**05**

) 18　42

▶ (최대공약수)=

(최소공배수)=

**06**

) 24　56

▶ (최대공약수)=

(최소공배수)=

* 다음 두 수의 최대공약수를 구하시오.

07 $\overline{)\ 12 \quad 30}$ ▶ (최대공약수)=

08 $\overline{)\ 27 \quad 45}$ ▶ (최대공약수)=

09 $\overline{)\ 32 \quad 48}$ ▶ (최대공약수)=

10 $\overline{)\ 42 \quad 63}$ ▶ (최대공약수)=

11 $\overline{)\ 56 \quad 84}$ ▶ (최대공약수)=

12 $\overline{)\ 45 \quad 135}$ ▶ (최대공약수)=

* 다음 두 수의 최소공배수를 구하시오.

13 $\overline{)\ 4 \quad 10}$ ▶ (최소공배수)=

14 $\overline{)\ 9 \quad 12}$ ▶ (최소공배수)=

15 $\overline{)\ 12 \quad 48}$ ▶ (최소공배수)=

16 $\overline{)\ 18 \quad 24}$ ▶ (최소공배수)=

17 $\overline{)\ 28 \quad 42}$ ▶ (최소공배수)=

18 $\overline{)\ 48 \quad 120}$ ▶ (최소공배수)=

ACT 08

# 소인수분해를 이용하여 최대공약수 구하기

스피드 정답 : 02쪽
친절한 풀이 : 14쪽

❶ 주어진 수를 각각 소인수분해하여 거듭제곱을 사용하여 나타낸다.

❷ 밑이 같은 거듭제곱 중에서 지수가 같거나 작은 것을 택하여 곱한다.

$36 = 2^2 \times 3^2$

$84 = 2^2 \times 3 \times 7$

(최대공약수) $= 2^2 \times 3 = 12$

＊ 다음 수들을 소인수분해한 것을 보고 두 수의 최대공약수를 구하시오.

01

$6 = 2 \times 3$

$10 = 2 \times 5$

▶ (최대공약수)= □

02

$12 = 2 \times 2 \times 3$

$18 = 2 \times 3 \times 3$

▶ (최대공약수)=

03

$20 = 2 \times 2 \times 5$

$28 = 2 \times 2 \times 7$

▶ (최대공약수)=

04

$36 = 2 \times 2 \times 3 \times 3$

$78 = 2 \times 3 \times 13$

▶ (최대공약수)=

＊ 다음 수들을 소인수분해한 것을 보고 두 수의 최대공약수를 소인수들의 거듭제곱의 곱으로 나타내시오.

05

$18 = 2 \times 3^2$

$108 = 2^2 \times 3^3$

▶ (최대공약수)= □ × □

06

$45 = 3^2 \times 5$

$120 = 2^3 \times 3 \times 5$

▶ (최대공약수)=

07

$56 = 2^3 \times 7$

$180 = 2^2 \times 3^2 \times 5$

▶ (최대공약수)=

08

$72 = 2^3 \times 3^2$

$240 = 2^4 \times 3 \times 5$

▶ (최대공약수)=

※ 소인수분해를 이용하여 다음 두 수의 최대공약수를 구하시오.

**09** 18, 40

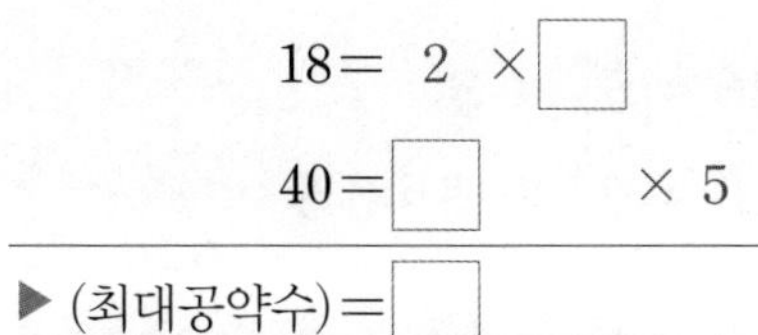


▶ (최대공약수)= □

**10** 14, 21

14=

21=

▶ (최대공약수)=

**11** 24, 36

24=

36=

▶ (최대공약수)=

**12** 45, 126

45=

126=

▶ (최대공약수)=

**13** 48, 252

48=

252=

▶ (최대공약수)=

※ 소인수분해를 이용하여 다음 두 수의 최대공약수를 구하고, 두 수의 공약수를 모두 구하시오.

**14** 6, 26

(1) 최대공약수

(2) 공약수

두 수의 공약수는 최대공약수의 약수야.

**15** 28, 104

(1) 최대공약수

(2) 공약수

**16** 36, 42

(1) 최대공약수

(2) 공약수

**17** 63, 90

(1) 최대공약수

(2) 공약수

시험에는 이렇게 나온대.

**18** 다음 중 두 수 $3^4 \times 5^2$, $2^5 \times 3^2 \times 5$의 공약수가 아닌 것은?

① 3　② 5　③ $3^2$

④ $2 \times 3 \times 5$　⑤ $3^2 \times 5$

# ACT 09 소인수분해를 이용하여 최소공배수 구하기

스피드 정답 : 02쪽
친절한 풀이 : 15쪽

❶ 주어진 수를 각각 소인수분해하여 거듭제곱을 사용하여 나타낸다.

❷ 밑이 같은 거듭제곱 중에서 지수가 같거나 큰 것을 택하고, 밑이 다른 거듭제곱도 모두 택하여 곱한다.

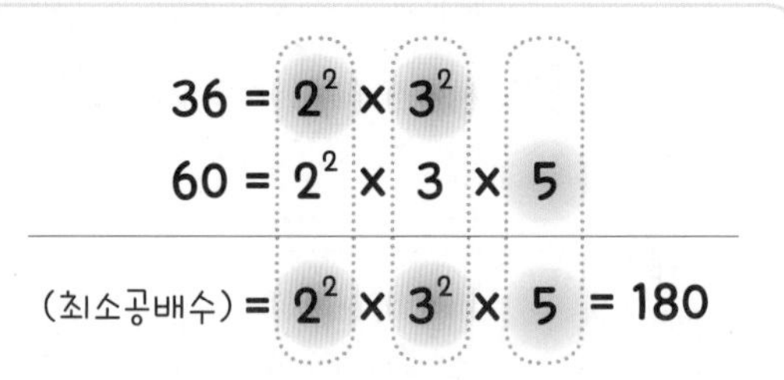

$36 = 2^2 \times 3^2$
$60 = 2^2 \times 3 \times 5$
(최소공배수) $= 2^2 \times 3^2 \times 5 = 180$


＊ 다음 수들을 소인수분해한 것을 보고 두 수의 최소공배수를 구하시오.

**01**

$15 = 3 \times 5$
$20 = 2 \times 2 \times 5$

▶ (최소공배수)$=2\times$☐$\times 3 \times$☐$=$☐

**02**

$8 = 2 \times 2 \times 2$
$36 = 2 \times 2 \times 3 \times 3$

▶ (최소공배수)$=$

**03**

$21 = 3 \times 7$
$45 = 3 \times 3 \times 5$

▶ (최소공배수)$=$

**04**

$90 = 2 \times 3 \times 3 \times 5$
$105 = 3 \times 5 \times 7$

▶ (최소공배수)$=$

＊ 다음 수들을 소인수분해한 것을 보고 두 수의 최소공배수를 소인수들의 거듭제곱의 곱으로 나타내시오.

**05**

$36 = 2^2 \times 3^2$
$42 = 2 \times 3 \times 7$

▶ (최소공배수)$=2^2\times$☐$\times$☐

**06**

$45 = 3^2 \times 5$
$84 = 2^2 \times 3 \times 7$

▶ (최소공배수)$=$

**07**

$54 = 2 \times 3^3$
$180 = 2^2 \times 3^2 \times 5$

▶ (최소공배수)$=$

**08**

$63 = 3^2 \times 7$
$90 = 2 \times 3^2 \times 5$

▶ (최소공배수)$=$

* 소인수분해를 이용하여 다음 두 수의 최소공배수를 구하시오.

09 27, 36

$27 = \quad 3^3$

$36 = 2^2 \times \square$

▶ (최소공배수) $= 2^2 \times \square = \square$

10 30, 45

$30 =$

$45 =$

▶ (최소공배수) $=$

11 56, 98

$56 =$

$98 =$

▶ (최소공배수) $=$

12 72, 90

$72 =$

$90 =$

▶ (최소공배수) $=$

13 120, 160

$120 =$

$160 =$

▶ (최소공배수) $=$

* 소인수분해를 이용하여 다음 두 수의 최소공배수를 구하고, 두 수의 공배수 중 200 이하인 것을 모두 쓰시오.

14 12, 28

(1) 최소공배수

(2) 200 이하의 공배수

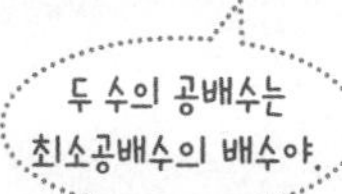

두 수의 공배수는
최소공배수의 배수야.


15 15, 18

(1) 최소공배수

(2) 200 이하의 공배수

16 16, 24

(1) 최소공배수

(2) 200 이하의 공배수

17 20, 25

(1) 최소공배수

(2) 200 이하의 공배수

시험에는 이렇게 나온대.

18 다음 중 두 수 $2 \times 5^2$, $2^3 \times 7^2$의 공배수인 것은?

① $2^3 \times 5^2$ ② $2^3 \times 7^2$ ③ $5^2 \times 7^2$
④ $2 \times 5 \times 7$ ⑤ $2^4 \times 5^2 \times 7^2$

ACT 10

# 세 수의 최대공약수와 최소공배수 구하기

스피드 정답 : 02쪽
친절한 풀이 : 16쪽

### 세 수의 최대공약수 구하기

① 나눗셈 이용하기

$$\begin{array}{r|rrr} 2 & 12 & 20 & 36 \\ \hline 2 & 6 & 10 & 18 \\ \hline & 3 & 5 & 9 \end{array}$$

(최대공약수) = 2 × 2 = 4

② 소인수분해 이용하기

$12 = 2^2 \times 3$

$20 = 2^2 \times 5$

$36 = 2^2 \times 3^2$

(최대공약수) = $2^2$ = 4

### 세 수의 최소공배수 구하기

① 나눗셈 이용하기

$$\begin{array}{r|rrr} 2 & 12 & 20 & 36 \\ \hline 2 & 6 & 10 & 18 \\ \hline 3 & 3 & 5 & 9 \\ \hline & 1 & 5 & 3 \end{array}$$

세 수 중 두 수의 공약수만 있다면 그 두 수만 공약수로 나누고, 남은 한 수는 그대로 내려 써.

(최소공배수) = 2 × 2 × 3 × 1 × 5 × 3 = 180

② 소인수분해 이용하기

$12 = 2^2 \times 3$

$20 = 2^2 \times 5$

$36 = 2^2 \times 3^2$

(최소공배수) = $2^2 \times 3^2 \times 5$ = 180

---

* 다음 세 수의 최대공약수를 구하시오.

**01**

$$\begin{array}{r|rrr} 2 & 4 & 12 & 16 \\ \hline 2 & 2 & 6 & 8 \\ \hline & 1 & 3 & 4 \end{array}$$

▶ (최대공약수) = 2 × 2 = ☐

**02**

$$\begin{array}{r|rrr} & 24 & 36 & 60 \\ \hline \end{array}$$

▶ (최대공약수) =

* 다음 세 수의 최소공배수를 구하시오.

**03**

$$\begin{array}{r|rrr} 2 & 4 & 6 & 18 \\ \hline 3 & 2 & 3 & 9 \\ \hline & 2 & \square & \square \end{array}$$

▶ (최소공배수) = 2 × 3 × 2 × ☐ × ☐
= ☐

**04**

$$\begin{array}{r|rrr} & 15 & 27 & 75 \\ \hline \end{array}$$

▶ (최소공배수) =

* 소인수분해를 이용하여 다음 세 수의 최대공약수를 구하시오.

**05** 9, 30, 42

$9=\square$

$30=2\times\square\times5$

$42=2\times\square\times7$

▶ (최대공약수) $=\square$

**06** 12, 45, 60

$12=$

$45=$

$60=$

▶ (최대공약수) $=$

**07** 30, 42, 84

$30=$

$42=$

$84=$

▶ (최대공약수) $=$

**08** 36, 72, 90

$36=$

$72=$

$90=$

▶ (최대공약수) $=$

* 소인수분해를 이용하여 다음 세 수의 최소공배수를 구하시오.

**09** 4, 12, 40

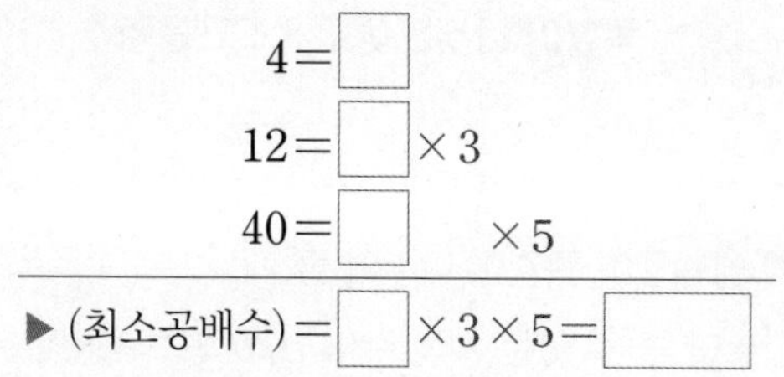

$4=\square$

$12=\square\times3$

$40=\square\times5$

▶ (최소공배수) $=\square\times3\times5=\square$

**10** 6, 12, 45

$6=$

$12=$

$45=$

▶ (최소공배수) $=$

**11** 8, 16, 30

$8=$

$16=$

$30=$

▶ (최소공배수) $=$

**12** 24, 36, 54

$24=$

$36=$

$54=$

▶ (최소공배수) $=$

# 필수 유형 훈련

스피드 정답 : 02쪽
친절한 풀이 : 16쪽

## 유형 1 똑같이 나누는 경우 - 최대공약수

두 물건 $a$개, $b$개를 각각 가능한 한 많은 사람에게 남김없이 똑같이 나누어 줄 때,
나누어 줄 수 있는 사람 수 ➡ $a$, $b$의 최대공약수

Skill

가장 큰
가능한 한 많은
최대한
\+
똑같이 나눈다.

최대 공약수

01 사과 30개와 배 45개를 가능한 한 많은 학생들에게 남김없이 똑같이 나누어 주려고 한다. 이때 나누어 줄 수 있는 학생의 수를 구하시오.

02 공책 36권과 연필 54자루를 될 수 있는 대로 많은 학생들에게 똑같이 나누어 주려고 한다. 이때 나누어 줄 수 있는 학생의 수를 구하시오.

03 빵 42개와 우유 70개를 똑같은 개수로 남김없이 학생들에게 나누어 주려고 한다. 이때 나누어 줄 수 있는 최대 학생 수를 구하시오.

## 유형 2 다시 만나는 경우 - 최소공배수

$a$분마다 출발하는 버스와 $b$분마다 출발하는 버스가 동시에 출발할 때, 두 버스가 처음으로 다시 동시에 출발할 때까지 걸리는 시간
➡ $a$, $b$의 최소공배수

Skill

04 어느 역에서 부산행 열차는 12분마다, 광주행 열차는 16분마다 출발한다. 오전 6시에 두 열차가 동시에 출발했을 때, 두 열차가 그다음 처음으로 동시에 출발하는 시각을 구하시오.

05 서로 맞물려 도는 두 톱니바퀴 A, B가 있다. A의 톱니의 수는 30개, B의 톱니의 수는 24개이다. 이 두 톱니바퀴가 같은 톱니에서 처음으로 다시 맞물렸을 때, 돌아간 톱니바퀴 A의 톱니의 개수를 구하시오.

## 유형 3 정사각형으로 채우기 - 최대공약수

가로, 세로의 길이가 각각 $a$, $b$인 직사각형을 가능한 한 큰 정사각형으로 빈틈없이 채울 때,
정사각형의 한 변이 길이 ➡ $a$, $b$의 최대공약수

Skill

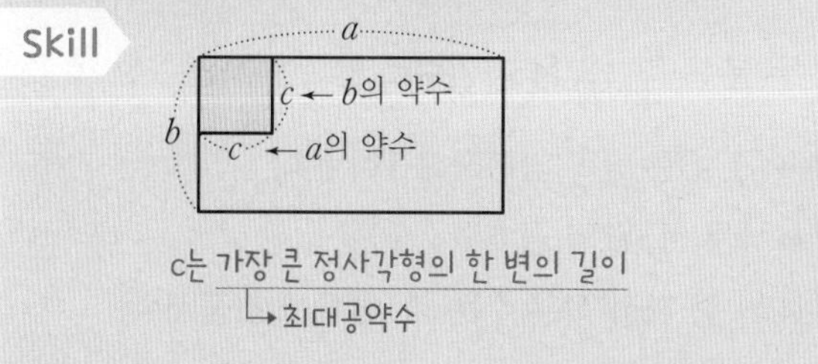


**06** 가로의 길이가 20 cm, 세로의 길이가 45 cm인 직사각형 모양의 도화지에 가능한 한 큰 정사각형 모양의 색종이를 빈틈없이 붙이려고 한다. 이때 색종이의 한 변의 길이를 구하시오.

**07** 가로의 길이가 48 cm, 세로의 길이가 60 cm인 직사각형 모양의 게시판에 가능한 한 큰 정사각형 모양의 그림을 빈틈없이 붙이려고 할 때, 다음 물음에 답하시오.

(1) 그림의 한 변의 길이를 구하시오.

(2) 필요한 그림의 수를 구하시오.

**08** 가로, 세로의 길이와 높이가 각각 28 cm, 42 cm, 56 cm인 직육면체 모양의 찰흙을 잘라서 똑같은 정육면체 모양 여러 개를 만들려고 한다. 가능한 한 큰 정육면체를 만들 때, 정육면체의 한 모서리의 길이를 구하시오.

## 유형 4 정사각형 만들기 - 최소공배수

가로, 세로의 길이가 각각 $a$, $b$인 직사각형을 빈틈없이 붙여서 가능한 한 작은 정사각형을 만들 때, 정사각형의 한 변의 길이
➡ $a$, $b$의 최소공배수

Skill

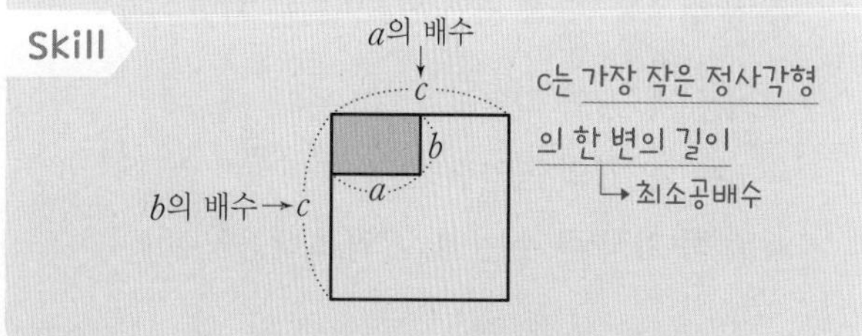


**09** 가로, 세로의 길이가 각각 4 cm, 7 cm인 직사각형을 겹치지 않게 빈틈없이 붙여서 가능한 한 작은 정사각형을 만들려고 한다. 이때 정사각형의 한 변의 길이를 구하시오.

**10** 가로, 세로의 길이가 각각 18 cm, 12 cm인 직사각형 모양의 타일을 겹치지 않게 빈틈없이 붙여서 가능한 한 작은 정사각형 모양으로 만들려고 할 때, 다음 물음에 답하시오.

(1) 정사각형의 한 변의 길이를 구하시오.

(2) 필요한 타일은 몇 개인지 구하시오.

**11** 가로, 세로의 길이와 높이가 각각 6 cm, 9 cm, 15 cm인 직육면체 모양의 벽돌을 빈틈없이 쌓아서 가장 작은 정육면체 모양을 만들려고 한다. 이때 정육면체의 한 모서리의 길이를 구하시오.

ACT+ 12

# 필수 유형 훈련

스피드 정답 : 03쪽
친절한 풀이 : 17쪽

## 유형 1 자연수로 만들기 - 최대공약수

두 분수 $\frac{A}{n}$, $\frac{B}{n}$를 자연수로 만드는 자연수 $n$

➡ $n$은 $A$, $B$와 약분하여 1이 된다.

➡ $n$은 $A$, $B$의 공약수

➡ $n$ 중 가장 큰 수는 $A$, $B$의 최대공약수

Skill $\frac{A}{n}$, $\frac{B}{n}$ ← 주어진 수 / ← 구하는 수

자연수가 되려면 n이 A, B보다 작아야 해.
구하는 수가 주어진 수보다 작아야 하면 대부분 공약수나 최대공약수를 구하는 문제야.

## 유형 2 자연수로 만들기 - 최소공배수

두 분수 $\frac{n}{A}$, $\frac{n}{B}$을 자연수로 만드는 자연수 $n$

➡ $A$, $B$는 $n$과 약분하여 1이 된다.

➡ $n$은 $A$, $B$의 공배수

➡ $n$ 중 가장 작은 수는 $A$, $B$의 최소공배수

Skill $\frac{n}{A}$, $\frac{n}{B}$ ← 구하는 수 / ← 주어진 수

자연수가 되려면 n이 A, B보다 커야 해.
구하는 수가 주어진 수보다 커야 하면 대부분 공배수나 최소공배수를 구하는 문제야.

**01** 두 분수 $\frac{16}{n}$, $\frac{24}{n}$를 자연수로 만드는 자연수 $n$의 값을 모두 구하시오.

**02** 두 분수 $\frac{42}{n}$, $\frac{63}{n}$을 자연수로 만드는 자연수 $n$의 값 중 가장 큰 수를 구하시오.

**03** 세 분수 $\frac{18}{n}$, $\frac{30}{n}$, $\frac{36}{n}$을 자연수로 만드는 자연수 $n$의 값 중 가장 큰 수를 구하시오.

**04** 두 분수 $\frac{n}{24}$, $\frac{n}{30}$을 자연수로 만드는 자연수 $n$의 값 중 가장 작은 수를 구하시오.

**05** 두 분수 $\frac{1}{90}$, $\frac{1}{120}$ 중 어느 수에 곱해도 그 결과가 자연수가 되게 하는 수 중에서 가장 작은 자연수를 구하시오.

**06** 세 분수 $\frac{n}{30}$, $\frac{n}{36}$, $\frac{n}{54}$을 자연수로 만드는 자연수 $n$의 값 중 가장 작은 수를 구하시오.

## 유형 3 자연수로 나누기 - 최대공약수

자연수 $n$으로 두 자연수 $A$, $B$를 나누면 나머지가 모두 $r$이다.

➡ $A-r$, $B-r$은 $n$으로 나누어떨어진다.

➡ $n$은 $A-r$, $B-r$의 공약수

➡ $n$ 중 가장 큰 수는 $A-r$, $B-r$의 최대공약수

**Skill** 문제를 나눗셈의 세로 식으로 나타내 봐.

n ) A → (몫) … $r$ ➡ n ) A−r → (몫) ← n은 A−r의 약수

n ) B → (몫) … $r$ ➡ n ) B−r → (몫) ← n은 B−r의 약수

**07** 어떤 자연수로 30과 42를 나누면 나누어떨어진다. 이러한 수 중 가장 큰 수를 구하시오.

**08** 어떤 자연수로 25와 33을 나누면 나머지가 모두 1이다. 이러한 수 중 가장 큰 수를 구하시오.

어떤 수는 25−1과 33−1의 공약수! 그중 가장 큰 수는?

**09** 어떤 자연수로 20을 나누면 5가 남고, 62를 나누면 2가 남는다. 이러한 수 중 가장 큰 수를 구하시오.

## 유형 4 자연수로 나누기 - 최소공배수

자연수 $n$을 두 자연수 $A$, $B$로 나누면 나머지가 모두 $r$이다.

➡ $n-r$은 $A$, $B$의 공배수

➡ $n$은 ($A$, $B$의 공배수)$+r$

➡ $n$ 중 가장 작은 수는 ($A$, $B$의 최소공배수)$+r$

**Skill** 문제를 나눗셈의 세로 식으로 나타내 봐.

A) n → (몫) … $r$ ➡ A) n−r → (몫) ← n−r는 A의 배수

B) n → (몫) … $r$ ➡ B) n−r → (몫) ← n−r는 B의 배수

**10** 어떤 자연수를 18과 24 어느 것으로 나누어도 나누어떨어진다. 이러한 수 중 가장 작은 수를 구하시오.

**11** 어떤 자연수를 30과 45 어느 것으로 나누어도 나머지가 2이다. 이러한 수 중 가장 작은 수를 구하시오.

(어떤 수)−2를 30과 45로 나누면 나누어떨어져.

**12** 어떤 자연수를 10, 12, 18 어느 것으로 나누어도 나머지가 1이다. 이러한 수 중 가장 작은 수를 구하시오.

TEST 01

# 단원 평가

**01** 다음 중 소수가 아닌 것은?

① 19 ② 23 ③ 37
④ 41 ⑤ 57

**02** 다음 중 옳은 것을 모두 고르면? (정답 2개)

① 1은 소수도 합성수도 아니다.
② 모든 소수는 홀수이다.
③ 모든 짝수는 합성수이다.
④ 모든 소수는 약수의 개수가 2개이다.
⑤ 모든 합성수는 약수의 개수가 3개이다.

**03** 다음 중 옳은 것은?

① $2\times2\times2\times2=2\times4$
② $3\times3\times3\times3\times3=5^3$
③ $2\times5\times5=2^2\times5^2$
④ $2\times3\times3\times2\times5=2^2\times3^2\times5$
⑤ $\frac{1}{7}\times\frac{1}{7}\times\frac{1}{7}\times\frac{1}{7}\times\frac{1}{7}=\frac{5}{7^5}$

**＊ 다음 수를 소인수분해하시오. (04 ~ 05)**

**04** 50

**05** 98

**06** 108을 소인수분해하면 $2^a\times3^b$이다. 이때 자연수 $a$, $b$에 대하여 $a+b$의 값을 구하시오.

**07** 다음 중 $2^2\times5^3$의 약수가 아닌 것은?

① $5$ ② $2\times5$ ③ $2^2\times5$
④ $2^2\times5^3$ ⑤ $2^3\times5^2$

**08** 126을 자연수 $a$로 나누어 제곱인 수가 되도록 할 때, 가장 작은 자연수 $a$의 값을 구하시오.

**＊ 다음 수를 소인수분해하고, 약수의 개수를 구하시오. (09 ~ 10)**

**09** 68

▶ 약수의 개수 :

**10** 100

▶ 약수의 개수 :

**11** 다음 중 두 수가 서로소가 아닌 것은?

① 2, 3 ② 9, 15 ③ 5, 21
④ 16, 27 ⑤ 24, 49

*점수*

스피드 정답 : 03쪽
친절한 풀이 : 18쪽

12 어떤 두 자연수의 최대공약수가 20일 때, 이 두 수의 공약수를 모두 구하시오.

* 다음 수들의 최대공약수와 최소공배수를 각각 구하시오. (13~15)

13 8, 10

▶ (최대공약수)=
(최소공배수)=

14 $2^3\times3$, $2^2\times3\times5$

▶ (최대공약수)=
(최소공배수)=

15 $3^2$, $2^2\times3^2$, $3^2\times7$

▶ (최대공약수)=
(최소공배수)=

16 다음 중 두 수 $2\times3^2$, $3\times5$의 공배수가 아닌 것은?

① $2\times3^2\times5$ ② $2\times3^2\times5^2$
③ $2^2\times3^2\times5$ ④ $2\times3^3\times5\times11$
⑤ $2\times3\times5^3$

17 사탕 48개와 초콜릿 60개를 가능한 한 많은 상자에 남김없이 똑같이 나누어 담으려고 한다. 이때 담을 수 있는 상자는 몇 개인지 구하시오.

18 두 분수 $\frac{1}{12}$, $\frac{1}{15}$ 중 어느 수에 곱해도 그 결과가 자연수가 되게 하는 수 중 가장 작은 자연수를 구하시오.

19 가로가 30 cm, 세로가 45 cm인 직사각형 모양의 도화지에 가능한 한 큰 정사각형 모양의 색종이를 빈틈없이 붙이려고 한다. 필요한 색종이의 수는?

① 3장 ② 6장 ③ 9장
④ 12장 ⑤ 15장

20 어느 버스 정류장에서 초록색 버스는 6분마다, 파란색 버스는 9분마다, 빨간색 버스는 15분마다 출발한다. 오전 7시에 세 버스가 동시에 출발했을 때, 세 버스가 그다음 처음으로 동시에 출발하는 시각을 구하시오.

쉬어 가기

# 스도쿠 게임

＊ 게임 규칙

❶ 모든 가로줄, 세로줄에 각각 1에서 9까지의 숫자를 겹치지 않게 배열한다.

❷ 가로, 세로 3칸씩 이루어진 9칸의 격자 안에도 1에서 9까지의 숫자를 겹치지 않게 배열한다.

| | | | | | | | | |
|---|---|---|---|---|---|---|---|---|
| 8 | | 6 | 3 | | 4 | 7 | | 2 |
| | 9 | | | 2 | | | 3 | |
| 2 | | 7 | 9 | | 8 | 5 | | 4 |
| | 8 | 3 | 4 | | 2 | 9 | 7 | |
| | | | 8 | | 3 | | | |
| | 7 | 2 | 5 | | 1 | 4 | 8 | |
| 5 | | 1 | 2 | | 7 | 3 | | 9 |
| | 2 | | | 4 | | | 1 | |
| 7 | | 8 | 1 | | 9 | 2 | | 6 |

답

| | | | | | | | | |
|---|---|---|---|---|---|---|---|---|
| 8 | 1 | 6 | 3 | 5 | 4 | 7 | 9 | 2 |
| 4 | 9 | 5 | 7 | 2 | 6 | 1 | 3 | 8 |
| 2 | 3 | 7 | 9 | 1 | 8 | 5 | 6 | 4 |
| 1 | 8 | 3 | 4 | 6 | 2 | 9 | 7 | 5 |
| 9 | 5 | 4 | 8 | 7 | 3 | 6 | 2 | 1 |
| 6 | 7 | 2 | 5 | 9 | 1 | 4 | 8 | 3 |
| 5 | 6 | 1 | 2 | 8 | 7 | 3 | 4 | 9 |
| 3 | 2 | 9 | 6 | 4 | 5 | 8 | 1 | 7 |
| 7 | 4 | 8 | 1 | 3 | 9 | 2 | 5 | 6 |

# Chapter Ⅱ

# 정수와 유리수

keyword

정수, 유리수, 절댓값,
부등호, 수의 대소 관계

VISUAL IDEA 4

# 수의 체계

## 정수 “0보다 작은 수? −를 이용해서 나타내.”

0을 기준으로 늘어나는 것은 양수(+), 줄어드는 것은 음수(−)이다.

자연수만으로는 표현할 수 없을 때가 많아.
0을 기준으로 그보다 작은 수는
음의 부호 −를 사용해서 나타내자.

마이너스

1

자연수에 −를 붙이면
음의 정수가 된다.

플러스

+ 3

양의 부호

자연수에 +를 붙이면
양의 정수가 된다.
“양의 정수=자연수”

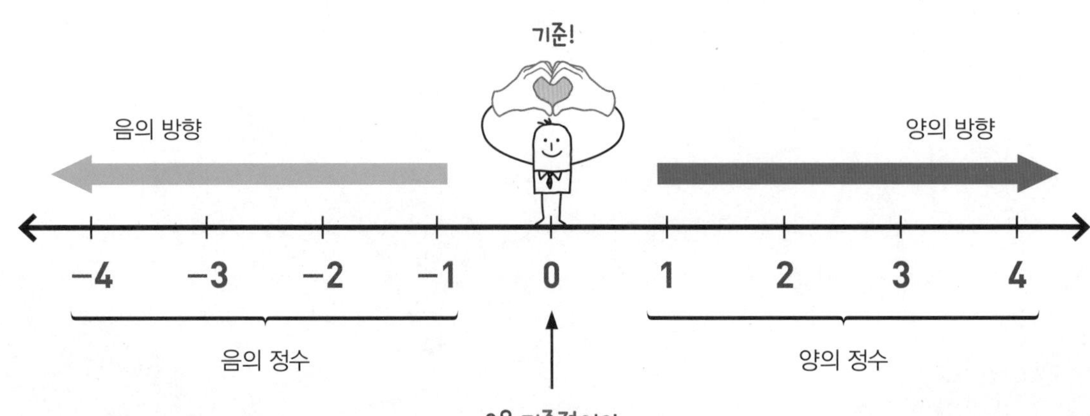


0은 기준점이야.
0에는 부호를 붙이지 않지!

## Ⓥ 수의 체계 "세상의 모든 수량을 '수'로 표현할 수 있다."

### 0

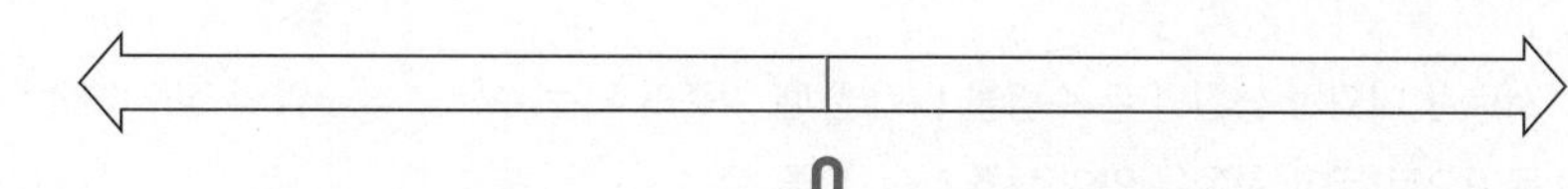


'아무것도 없다'를 나타내는 수

### 자연수

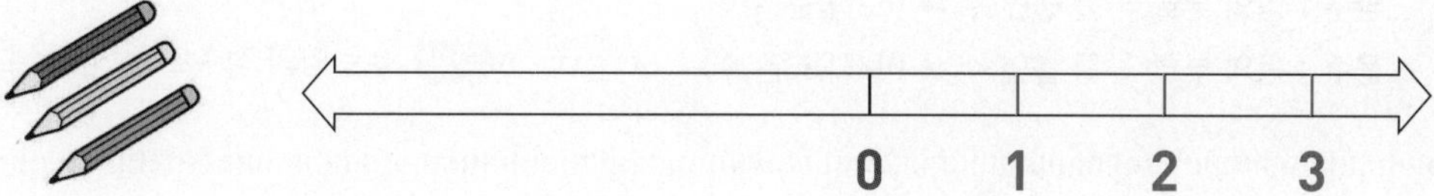


1, 2, 3, 4, 5, …

### 정수

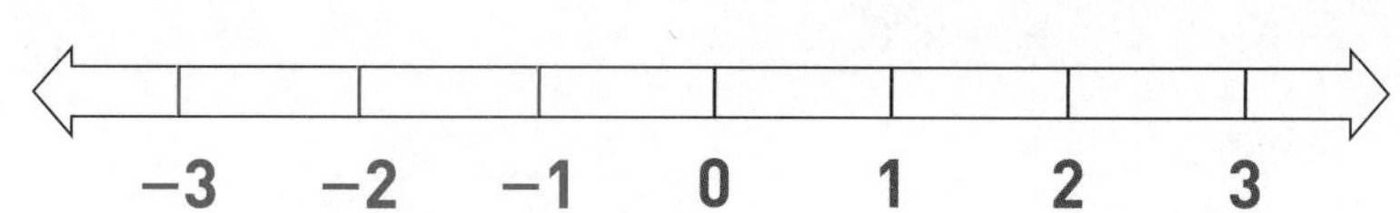


0과 자연수에 부호 +, −를 붙인 수

### 유리수

−3 −2 −1 0 1 2 3

$-2\frac{7}{10}$  $-\frac{3}{4}$  $+\frac{1}{2}$  $+\frac{6}{5}$

분수로 나타낼 수 있는 수

**[수의 분류]**

양의 정수, 0, 음의 정수 } 정수

정수, 정수가 아닌 유리수 } 유리수

유리수, 무리수 } 실수

**정수부터 실수까지**

초등학교에서는 자연수와 0, 유리수(분수, 소수)를 중학교 1학년에서는 정수와 유리수를, 중학교 3학년에서는 무리수를 배웁니다. 무리수는 소수점 아래의 수가 규칙이 없이 끝없이 계속 이어지는 수를 말해요.
유리수와 무리수를 모두 묶어 '실수'라고 부릅니다. 중학교에서는 실수 범위까지의 수를 다루고 있어요. 실수까지 알면 수직선을 빈틈없이 채울 수 있어요.

ACT 13

# 정수

스피드 정답 : 03쪽
친절한 풀이 : 20쪽

### 양의 부호와 음의 부호

서로 반대되는 성질의 두 수량을 나타낼 때 기준이 되는 수를 0으로 두고 한쪽은 양의 부호 '+', 다른 쪽은 음의 부호 '−'를 사용하여 나타낸다.

| +(⬆, ▲) | 증가 | 상승 | 이익 | 수입 | 영상 | 지상 | 해발 |
|---|---|---|---|---|---|---|---|
| −(⬇, ▼) | 감소 | 하락 | 손해 | 지출 | 영하 | 지하 | 해저 |

- **양수** : 양의 부호 +를 붙인 수 ➡ 0보다 큰 수
- **음수** : 음의 부호 −를 붙인 수 ➡ 0보다 작은 수

### 정수

양의 정수(자연수) : 자연수에 양의 부호 +를 붙인 수
예 +1, +2, +3, ⋯
↳ 양의 부호 +는 생략할 수 있다. 즉, 양의 정수는 자연수와 같다.

0

음의 정수 : 자연수에 음의 부호 −를 붙인 수
예 −1, −2, −3, ⋯

주의 0은 양의 정수도 음의 정수도 아니다.

* 다음을 +, −부호를 사용하여 나타내시오.

01 영상 3 °C ▶ +3 °C
영하 5 °C ▶ ______

02 20 % 감소 ▶ −20 %
15 % 증가 ▶ ______

03 6000원 이익 ▶ ______
4000원 손해 ▶ ______

04 지상 15층 ▶ ______
지하 3층 ▶ ______

05 0보다 1만큼 큰 수 ▶ ______
0보다 1만큼 작은 수 ▶ ______

* 양의 정수를 모두 찾아 ○표 하시오.

06 −12　0　3　−1　+6　10

자연수는 원래 양의 정수야.

07 22　−4　−13　+1.5　2　+8

08 $+\frac{1}{2}$　−16　30　+1　−5　+14

* 음의 정수를 모두 찾아 △표 하시오.

09 4　−9　−2　+7　−8　15

10 +18　−6　$-\frac{1}{10}$　−3　0　−20

11 −10　9　−25　−7　$-\frac{2}{3}$　+7.2

＊ 다음 수직선에서 두 점 A, B에 대응하는 수를 구하시오.

**12**

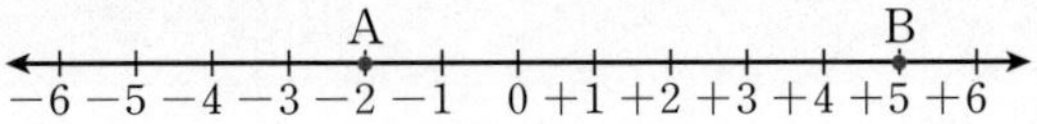


A : __________, B : __________

**13**

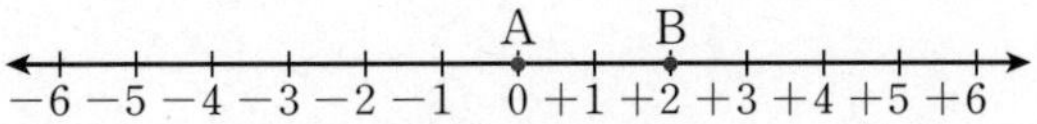


A : __________, B : __________

**14**

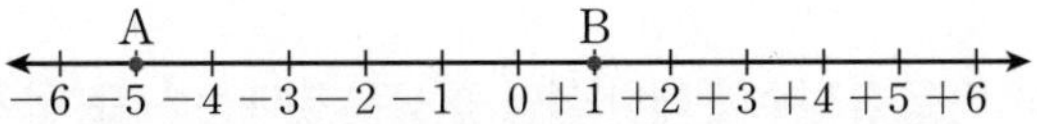


A : __________, B : __________

**15**

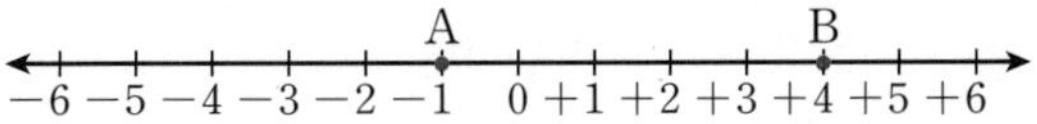


A : __________, B : __________

**16**

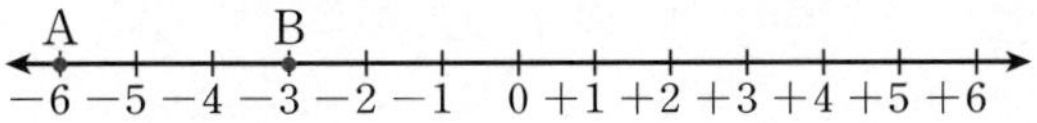


A : __________, B : __________

**17**

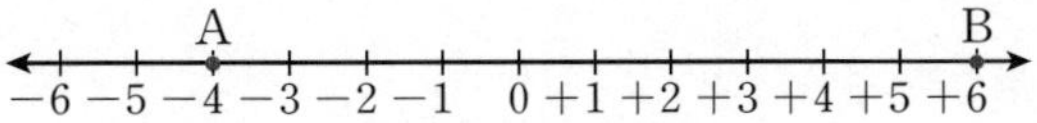


A : __________, B : __________

＊ 다음 수에 대응하는 점을 수직선 위에 점 A, B로 나타내시오.

**18** A : $-1$, B : $+3$

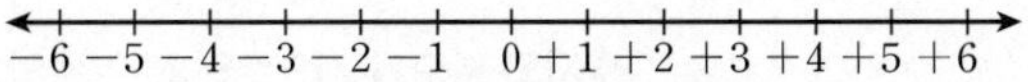


**19** A : 0, B : $+5$

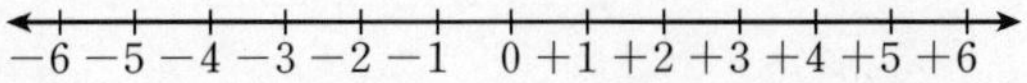


**20** A : $-6$, B : 2

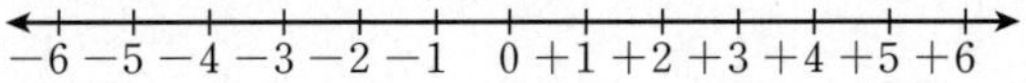


**21** A : 1, B : $+6$

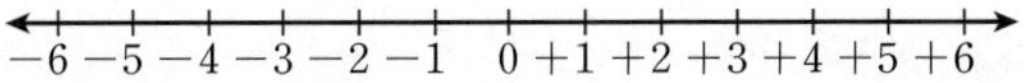


**22** A : $-4$, B : $+4$

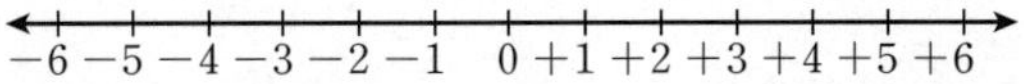


**23** A : $-5$, B : $-2$

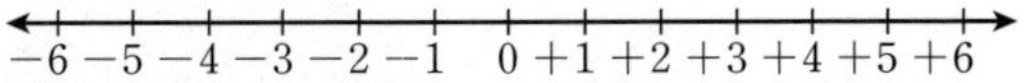

ACT 14

# 유리수

스피드 정답 : 03쪽
친절한 풀이 : 20쪽

### 유리수

- 양의 유리수 : 분자와 분모가 자연수인 분수에 양의 부호 +를 붙인 수

  예 $+\frac{1}{2}, +\frac{5}{3}, +\frac{7}{10}, \cdots$

- 음의 유리수 : 분자와 분모가 자연수인 분수에 음의 부호 −를 붙인 수

  예 $-\frac{2}{3}, -\frac{4}{7}, -\frac{14}{5}, \cdots$

- 양의 유리수, 0, 음의 유리수를 통틀어 유리수라고 한다.

### 유리수의 분류

유리수
- 정수
  - 양의 정수(자연수) : $+1, +2, +3, \cdots$
  - 0
  - 음의 정수 : $-1, -2, -3, \cdots$
- 정수가 아닌 유리수 : $-\frac{1}{3}, -0.1, +\frac{2}{5}, +4.8, \cdots$

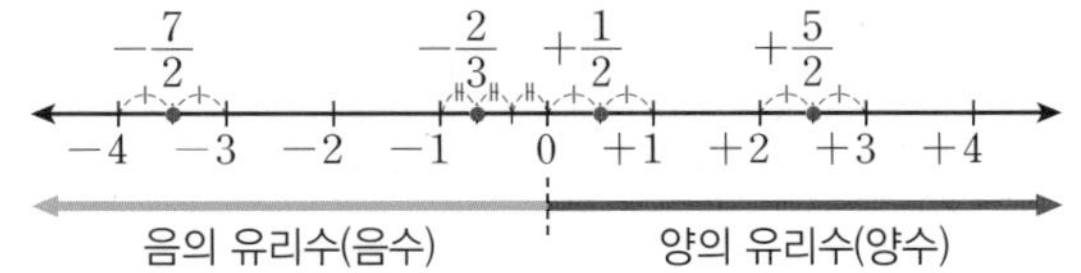


---

* |보기| 중에서 다음에 해당하는 수를 모두 찾아 쓰시오.

|보기|

$-4 \quad \frac{1}{3} \quad -1.7 \quad 0 \quad +3 \quad -\frac{4}{2} \quad 9$

01 양의 정수 ______________________

02 음의 정수 ______________________

분수인데도 약분해 보면 정수일 수 있어! 꼭 확인하자.

03 정수 ______________________

04 양의 유리수 ______________________

05 음의 유리수 ______________________

06 정수가 아닌 유리수 ______________________

* 다음 유리수에 대한 설명 중 옳은 것에는 ○표, 옳지 않은 것에는 ×표를 하시오.

07 0은 유리수이다. (　　　)

08 모든 정수는 유리수이다. (　　　)

09 정수가 아닌 유리수도 있다. (　　　)

10 유리수는 양수와 음수로 이루어져 있다. (　　　)

11 모든 유리수는 $\frac{(\text{자연수})}{(\text{자연수})}$의 꼴로 나타낼 수 있다. (　　　)

12 서로 다른 두 유리수 사이에는 무수히 많은 유리수가 있다. (　　　)

* 다음 수직선에서 두 점 A, B에 대응하는 수를 구하시오.

**13**

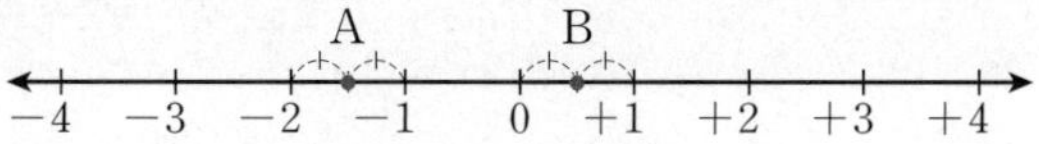


A : __________, B : __________

A는 −1과 −2의 가운데 있는 점이야.

**14**

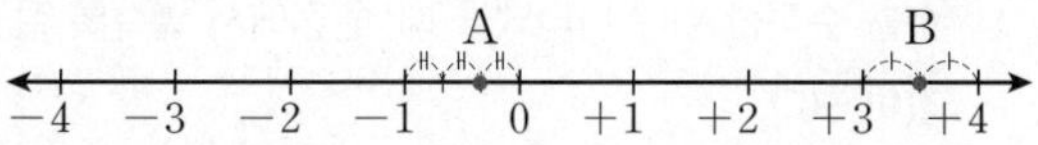


A : __________, B : __________

**15**

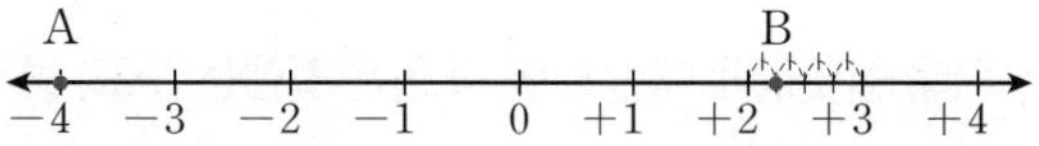


A : __________, B : __________

**16**

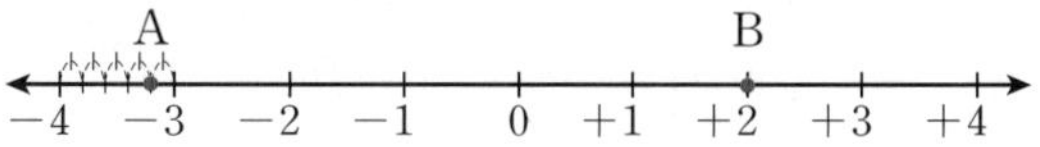


A : __________, B : __________

**17**

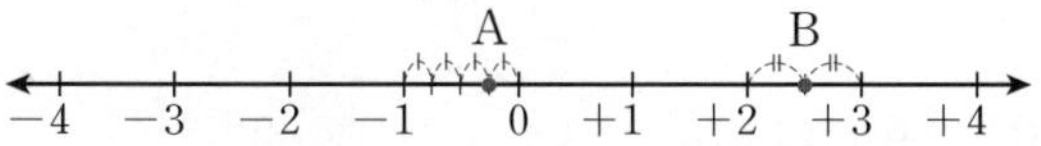


A : __________, B : __________

**18**

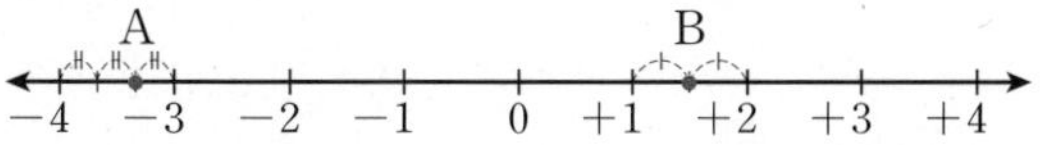


A : __________, B : __________

* 다음 수에 대응하는 점을 수직선 위에 점 A, B로 나타내시오.

**19** A : $-3$, B : $-\frac{1}{2}$

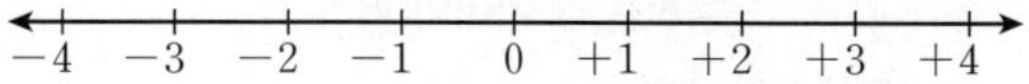


가분수는 대분수로 바꾸어서 위치를 찾으면 편해.

**20** A : 0, B : $\frac{7}{3}$

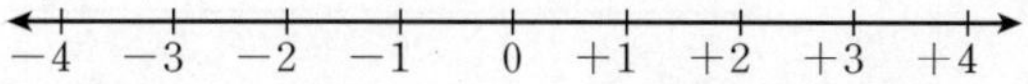


**21** A : $-\frac{4}{5}$, B : $+2.5$

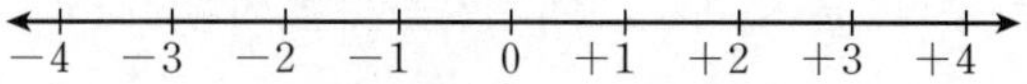


**22** A : $-\frac{8}{3}$, B : $+\frac{12}{5}$

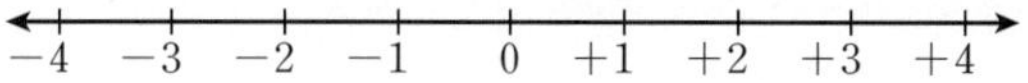


**23** A : $-3.5$, B : $\frac{6}{4}$

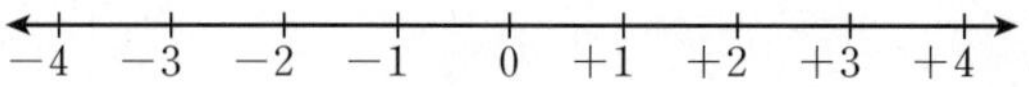


**시험에는 이렇게 나온대.**

**24** 다음 수에 대한 설명으로 옳은 것은?

| | | | | | | |
|---|---|---|---|---|---|---|
| $\frac{2}{5}$ | $-0.8$ | $+1$ | $0$ | $-\frac{9}{3}$ | $-\frac{5}{6}$ | $+12$ |

① 양의 정수는 3개이다.
② 음의 정수는 없다.
③ 양의 유리수는 4개이다.
④ 음의 유리수는 3개이다.
⑤ 정수가 아닌 유리수는 2개이다.

ACT 15

# 절댓값

스피드 정답 : 03쪽
친절한 풀이 : 20쪽

- **절댓값** : 수직선 위에서 0을 나타내는 점(→원점)과 어떤 수에 대응하는 점 사이의 거리
- **절댓값의 표현**

  어떤 수의 절댓값은 기호 | |를 사용하여 나타낸다.

  예 $+3$의 절댓값 : $|+3|=3$

  $-3$의 절댓값 : $|-3|=3$

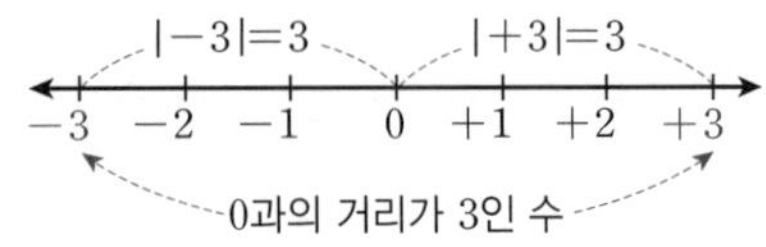


- **절댓값의 성질**

  ① 절댓값이 $a(a>0)$인 수는 $-a$, $+a$의 2개이다.

  ② 0의 절댓값은 0이다. ➡ $|0|=0$

  ③ 절댓값은 거리를 나타내므로 항상 0 또는 양수이다.
  (→어떤 수의 절댓값은 그 수의 부호 +, −를 떼어낸 수와 같다.)

  ④ 수를 수직선 위에 나타냈을 때, 원점에서 멀수록 절댓값이 크다.

  참고 절댓값이 가장 작은 수는 0이다.

**＊ 수직선을 보고 □ 안에 알맞은 수를 써넣으시오.**

**01**

−5 −4 −3 −2 −1 0 +1 +2 +3 +4 +5

$|-2|=$□, $|+2|=$□

**02**

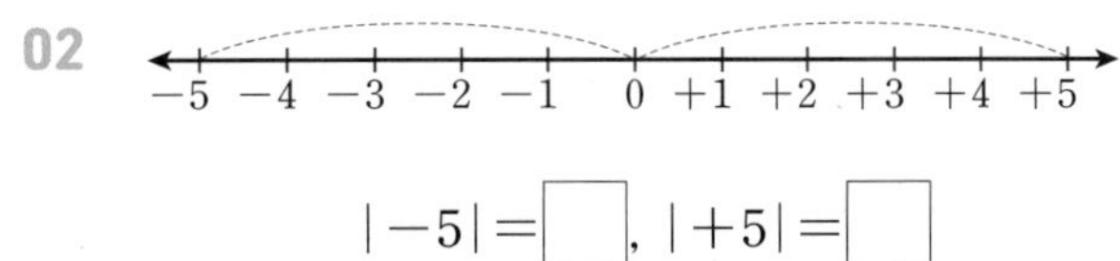


$|-5|=$□, $|+5|=$□

**03**

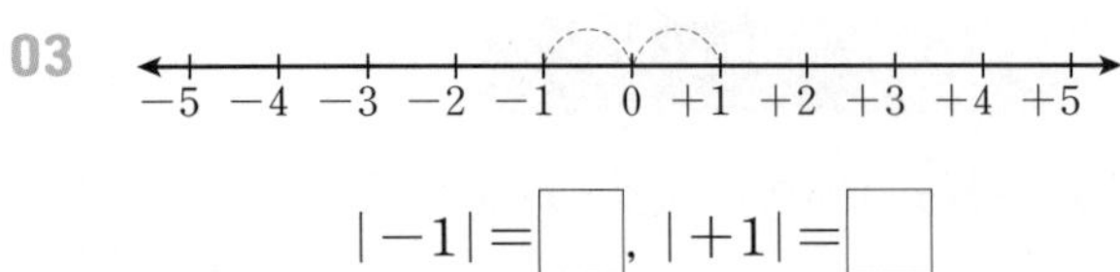


$|-1|=$□, $|+1|=$□

**04**

−5 −4 −3 −2 −1 0 +1 +2 +3 +4 +5

$|-4|=$□, $|+4|=$□

**＊ 다음 절댓값에 대한 설명 중 옳은 것에는 ○표, 옳지 않은 것에는 ×표를 하시오.**

**05** 절댓값은 항상 양수이다. ( )

**06** 절댓값이 가장 작은 정수는 0이다. ( )

**07** 절댓값이 같은 수는 항상 2개이다. ( )

**08** 양수의 절댓값은 자기 자신과 같다. ( )

**09** 음수의 절댓값은 양수이다. ( )

**10** 음수 중에서 절댓값이 가장 큰 수는 $-1$이다. ( )

* 다음 수의 절댓값을 기호를 사용하여 나타내고, 그 값을 구하시오.

11 $+6$ ▶ $|+6|=\square$

12 $-7$ ▶ ____________

13 $0$ ▶ ____________

14 $+19$ ▶ ____________

15 $+1.8$ ▶ ____________

16 $-2.6$ ▶ ____________

17 $+\frac{3}{4}$ ▶ ____________

18 $-\frac{2}{3}$ ▶ ____________

* 다음 수를 모두 구하시오.

19 절댓값이 8인 수

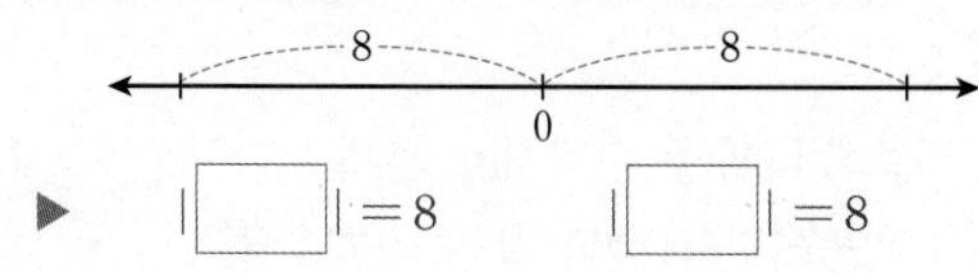


▶ $|\square|=8$ $|\square|=8$

20 절댓값이 10인 수

▶ ____________

21 절댓값이 3.8인 수

▶ ____________

22 수직선 위에서 원점과의 거리가 5인 수

▶ ____________

23 수직선 위에서 원점과의 거리가 7인 수

▶ ____________

24 수직선 위에서 원점과의 거리가 $\frac{1}{2}$인 수

▶ ____________

시험에는 이렇게 나온대.

25 $-15$의 절댓값을 $a$, 절댓값이 2인 음수를 $b$라 할 때, $a$, $b$의 값을 각각 구하시오.

ACT 16

# 수의 대소 관계

스피드 정답 : 04쪽
친절한 풀이 : 20쪽

### 부호가 다른 두 수의 대소 관계

① 양수는 0보다 크고, 음수는 0보다 작다.

예 $+5>0$, $-3<0$

② 양수는 음수보다 크다.

예 $+5>-3$

수직선 위에서 오른쪽에 있을수록 큰 수

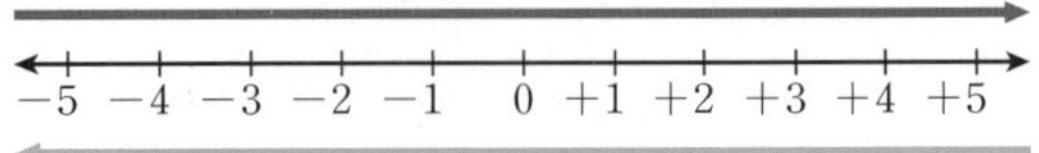


수직선 위에서 왼쪽에 있을수록 작은 수

### 부호가 같은 두 수의 대소 관계

① 양수끼리는 절댓값이 큰 수가 크다.

예 $|+1|<|+3|$ ➡ $+1<+3$

② 음수끼리는 절댓값이 큰 수가 작다.

예 $|-2|<|-5|$ ➡ $-2>-5$

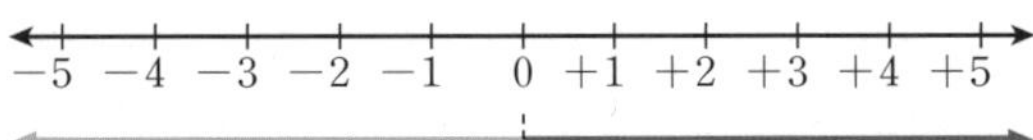


음수끼리는 절댓값이 클수록 작은 수 | 양수끼리는 절댓값이 클수록 큰 수

---

* 다음 ○ 안에 $>$ 또는 $<$를 써넣으시오.

01 $-3$ ○ $+5$

02 $-7$ ○ $+2$

03 $+6$ ○ $-6$

04 $+1$ ○ $-8$

05 $-4$ ○ $0$

06 $-\frac{15}{8}$ ○ $+\frac{5}{2}$

07 $+5.3$ ○ $-\frac{13}{3}$

08 $+4$ ○ $+9$

양수끼리 비교하는 것은 자연수를 비교하는 것과 같아.

09 $+7$ ○ $+6$

10 $+3$ ○ $+10$

11 $+5$ ○ $+11$

12 $-5$ ○ $-2$

음수끼리는 절댓값이 큰 수가 작은 수야.

13 $-1$ ○ $-6$

14 $-12$ ○ $-13$

15 $-9$ ○ $-4$

16 $+8.3$ ◯ $\frac{4}{10}$ (분수나 소수로 고쳐서 비교해 봐.)

17 $+2.5$ ◯ $+1$

18 $+\frac{7}{3}$ ◯ $+\frac{11}{4}$ (먼저 분모의 최소공배수인 12로 통분해.)

19 $+\frac{45}{8}$ ◯ $+\frac{11}{2}$

20 $-7$ ◯ $-3.3$

21 $-2.6$ ◯ $-8$

22 $-4.2$ ◯ $-\frac{15}{4}$

23 $-5.6$ ◯ $-\frac{17}{3}$

**＊ 다음 중 가장 큰 수에 ○표, 가장 작은 수에 △표 하시오.**

24 $-3$　$1$　$0$

25 $-5$　$2$　$9$

26 $-7$　$0$　$+4$

27 $2.5$　$+11$　$6$

(두 수가 정수이므로 가분수를 대분수로 바꾸면 비교하기 편해.)

28 $-5$　$-7$　$-\frac{14}{5}$

29 $-\frac{42}{7}$　$-8$　$-7.2$

시험에는 이렇게 나온대.

30 다음 중 두 수의 대소 관계가 옳지 않은 것은?

① $+7.4>-15$　② $-26<0$

③ $+\frac{2}{3}<+1.2$　④ $-17<-20$

⑤ $-\frac{19}{4}>-6$

ACT 17

# 부등호로 나타내기

스피드 정답 : 04쪽
친절한 풀이 : 21쪽

| $x>a$ | $x<a$ | $x\geq a$ (> 또는 =) | $x\leq a$ (< 또는 =) |
|---|---|---|---|
| • $x$는 $a$보다 크다.<br>• $x$는 $a$ 초과이다. | • $x$는 $a$보다 작다.<br>• $x$는 $a$ 미만이다. | • $x$는 $a$보다 크거나 같다.<br>• $x$는 $a$ 이상이다.<br>• $x$는 $a$보다 작지 않다. | • $x$는 $a$보다 작거나 같다.<br>• $x$는 $a$ 이하이다.<br>• $x$는 $a$보다 크지 않다. |

예
- $x$는 5보다 크다. ➡ $x>5$
- $x$는 5보다 작다. ➡ $x<5$
- $x$는 5보다 크거나 같다. ➡ $x\geq 5$
- $x$는 5보다 작거나 같다. ➡ $x\leq 5$
- $x$는 $-2$보다 크고, 3보다 작거나 같다. ➡ $-2<x\leq 3$

＊ 다음을 부등호를 사용하여 나타내시오.

01 $x$는 8보다 작다. ▶ $x$ ◯ 8

02 $x$는 $-7$보다 크다. ▶ ______

03 $x$는 0 미만이다. ▶ ______

04 $x$는 10 초과이다. ▶ ______

05 $x$는 $-1$ 이상이다. ▶ ______

06 $x$는 $-\frac{3}{4}$ 이하이다. ▶ ______

07 $x$는 12보다 작거나 같다. ▶ ______

08 $x$는 $\frac{5}{8}$보다 크거나 같다. ▶ ______

09 $x$는 $-5$보다 크고, 1보다 작다.

▶ $-5$ ◯ $x$ ◯ 1

10 $x$는 0 이상 $\frac{2}{3}$ 이하이다.

▶ ______

11 $x$는 $-3$보다 크고 6보다 작거나 같다.

▶ ______

12 $x$는 2 초과이고 5.9 미만이다.

▶ ______

13 $x$는 $-6$보다 크거나 같고 4보다 작다.

▶ ______

14 $x$는 $-\frac{1}{5}$보다 크거나 같고 $\frac{4}{7}$보다 작거나 같다.

▶ ______

15 $x$는 $-4$보다 작지 않다. ▶ $x$ ◯ $-4$

'작지 않다'='크거나 같다'

16 $x$는 $\frac{24}{5}$보다 크지 않다. ▶ $x$ ◯ $\frac{24}{5}$

'크지 않다'='작거나 같다'

17 $x$는 $-6$보다 작지 않고 $0$보다 작다.

▶ ______________

18 $x$는 $-2$보다 작지 않고 $2$보다 크지 않다.

▶ ______________

19 $x$는 $\frac{1}{4}$보다 작지 않고 $0.7$보다 크지 않다.

▶ ______________

20 $x$는 $-1.3$보다 크고 $\frac{3}{10}$보다 크지 않다.

▶ ______________

21 $x$는 $\frac{1}{6}$보다 크거나 같고 $8.2$보다 크지 않다.

▶ ______________

22 $x$는 $-\frac{1}{2}$보다 작지 않고 $\frac{9}{2}$보다 작거나 같다.

▶ ______________

*** 다음 수의 범위를 나타내는 문장을 모두 찾아 기호를 쓰시오.**

23 $-3 \le x < 7$

ㄱ $x$는 $-3$ 이상 $7$ 이하이다.
ㄴ $x$는 $-3$보다 크거나 같고 $7$보다 작다.
ㄷ $x$는 $-3$보다 작지 않고 $7$보다 작다.
ㄹ $x$는 $-3$보다 크고 $7$보다 작거나 같다.

24 $-8 \le x \le 5$

ㄱ $x$는 $-8$ 이상 $5$ 이하이다.
ㄴ $x$는 $-8$ 초과 $5$ 미만이다.
ㄷ $x$는 $-8$보다 크고 $5$보다 크지 않다.
ㄹ $x$는 $-8$보다 작지 않고 $5$보다 크지 않다.
ㅁ $x$는 $-8$보다 크거나 같고 $5$보다 작거나 같다.

시험에는 이렇게 나온대.

25 다음 중 부등호를 사용하여 나타낸 것으로 옳지 않은 것은?

① $x$는 $9$ 초과이다. ➡ $x > 9$
② $x$는 $3$보다 크지 않다. ➡ $x \le 3$
③ $x$는 $-1$ 이상 $1$ 이하이다. ➡ $-1 \le x \le 1$
④ $x$는 $0$보다 크고 $6$보다 작거나 같다. ➡ $0 < x \le 6$
⑤ $x$는 $-2$보다 작지 않고 $4$보다 작다. ➡ $-2 < x < 4$

# 필수 유형 훈련

스피드 정답 : 04쪽
친절한 풀이 : 21쪽

## 유형 1 절댓값이 주어진 두 수 사이의 거리

절댓값이 $a(a>0)$일 때, 두 수를 수직선 위에 나타내면 두 점 사이의 거리는 $2\times a$이다.

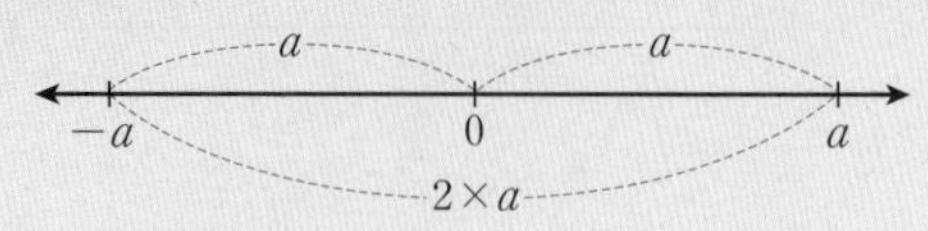


Skill 절댓값이 같으면 거리는 2배!

**01** 절댓값이 다음과 같은 두 수를 수직선 위에 나타낼 때, 두 점 사이의 거리를 구하시오.

(1) 절댓값이 1인 수

(2) 절댓값이 3인 수

(3) 절댓값이 10인 수

**02** 수직선 위에서 절댓값이 2.5인 수를 나타내는 두 점 사이의 거리를 구하시오.

**03** 수직선 위에서 원점과의 거리가 $\frac{9}{4}$인 수를 나타내는 두 점 사이의 거리를 구하시오.

## 유형 2 거리가 주어진 절댓값이 같은 두 수

절댓값이 같은 두 수를 수직선 위에 나타내었을 때, 두 점 사이의 거리가 $a(a>0)$이면 두 수는 $-\frac{a}{2}$, $\frac{a}{2}$이다.

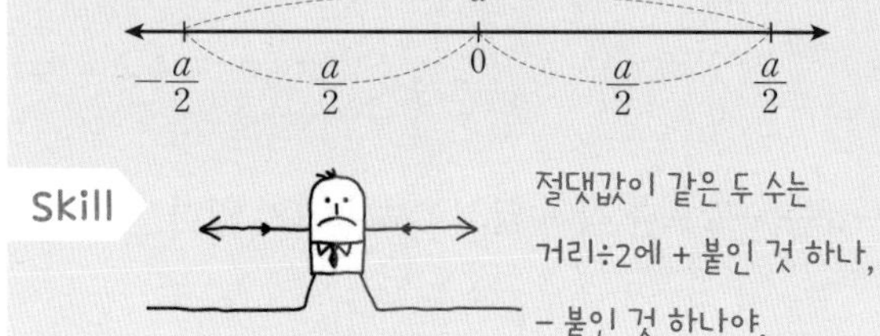


Skill 절댓값이 같은 두 수는 거리÷2에 + 붙인 것 하나, − 붙인 것 하나야.

**04** 절댓값이 같은 두 수를 수직선 위에 나타내었을 때 두 점 사이의 거리가 8이었다. 두 점을 다음 수직선 위에 나타내시오.

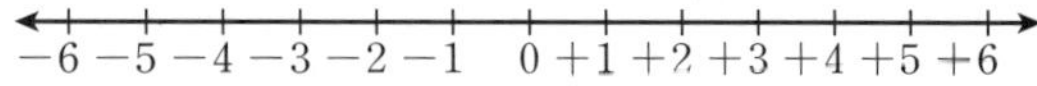


**05** 절댓값이 같고 부호가 다른 두 수를 수직선 위에 나타내었을 때 두 점 사이의 거리가 12이었다. 이때 두 수를 구하시오.

**06** 절댓값이 같은 두 수 $a$, $b$를 수직선 위에 나타내었을 때 두 점 사이의 거리가 3이었다. 이때 두 수 $a$, $b$의 값을 각각 구하시오. (단, $a<b$)

## 유형 3 절댓값의 대소 관계

수를 수직선 위에 점으로 나타낼 때

- 원점에서 멀리 떨어질수록 절댓값이 커진다.
- 원점에 가까워질수록 절댓값이 작아진다.

Skill  부호는 떼어버려! 숫자만 비교하면 돼.

**07** 다음 중 절댓값이 가장 큰 수에 ○표 하시오.

(1) $-13$ $\quad +2$ $\quad +8$

(2) $+1$ $\quad -4$ $\quad 3$

(3) $-6$ $\quad -12$ $\quad +7$

**08** 다음 수를 절댓값이 큰 수부터 차례대로 나열하시오.

$0 \quad -10 \quad -0.7 \quad +9 \quad 5 \quad +\frac{21}{2}$

**09** 다음 수를 수직선 위에 점으로 나타낼 때, 원점에서 가장 가까운 것은?

① $-\frac{3}{4}$ ② $+1$ ③ $+\frac{1}{10}$
④ $-1$ ⑤ $-0.5$

## 유형 4 절댓값의 범위가 주어진 수

절댓값의 범위가 주어진 수를 모두 구할 때

❶ 주어진 조건에 맞는 절댓값을 모두 구한다.

❷ ❶에서 구한 값이 절댓값인 수를 모두 구한다.

Skill 절댓값이 1 이하이면?
❶ 절댓값이 0 또는 1
❷ 절댓값이 0인 수 : 0
절댓값이 1인 수 : −1, 1
➡ −1, 0, 1

**10** 절댓값이 2 이하인 정수를 모두 구하시오.

**11** 절댓값이 $\frac{10}{3}$ 미만인 정수를 모두 구하시오.

**12** $|x|<7$을 만족시키는 정수 $x$의 개수는?

① 6개 ② 7개 ③ 8개
④ 13개 ⑤ 14개

**13** 절댓값이 1 이상 5 미만인 정수를 모두 구하시오.

ACT+ 19

# 필수 유형 훈련

스피드 정답 : 04쪽
친절한 풀이 : 22쪽

## 유형 1 3개 이상의 수의 대소 관계

수를 수직선 위에 나타내었을 때 오른쪽에 있는 수가 왼쪽에 있는 수보다 크다.

$4,\ -1.5,\ 0,\ \frac{1}{2},\ -3,\ +6$ ➡

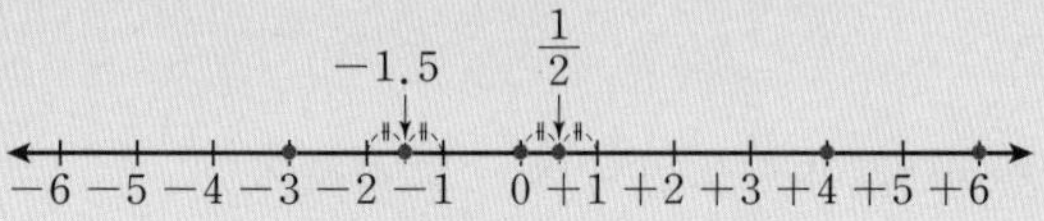


$-3 < -1.5 < 0 < \frac{1}{2} < 4 < +6$

Skill

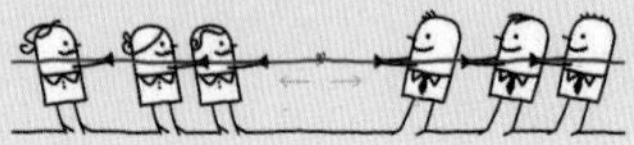

(음수)<0<(양수)이니까 양수와 음수를 먼저 구분해 놓고 크기를 비교하자.

**01** 다음 수를 작은 수부터 차례대로 나열하시오.

(1)

| | | | |
|---|---|---|---|
| $+5$ | $-14$ | $+6.2$ | $0$ |

음수가 하나뿐이면 그 수가 가장 작아.

(2)

| | | | |
|---|---|---|---|
| $-4\frac{2}{3}$ | $-7$ | $+1$ | $0.2$ |

**02** 다음 수를 큰 수부터 차례대로 나열하시오.

(1)

| | | | |
|---|---|---|---|
| $9$ | $-8.7$ | $-13$ | $+\frac{20}{4}$ |

(2)

| | | | |
|---|---|---|---|
| $-2\frac{1}{3}$ | $+2$ | $+3.1$ | $-1$ |

**03** 다음 수를 수직선 위에 나타낼 때 가장 오른쪽에 있는 수는?

① 8 ② $-12$ ③ $+14$
④ $-19$ ⑤ 17

**04** 다음 수를 작은 수부터 차례대로 나열할 때, 두 번째에 오는 수를 구하시오.

| | | | | | |
|---|---|---|---|---|---|
| $7$ | $-11$ | $0$ | $-2$ | $-4.9$ | $+\frac{12}{5}$ |

먼저 음수가 몇 개인지 확인하자.

**05** 다음 수를 큰 수부터 차례대로 나열할 때, 가운데 오는 수를 구하시오.

| | | | | |
|---|---|---|---|---|
| $-10$ | $+3$ | $9\frac{2}{7}$ | $-4$ | $11.6$ |

## 유형 2 주어진 범위에 속하는 수

• $-2$ 초과 $2$ 미만인 정수 : $-1$, $0$, $+1$

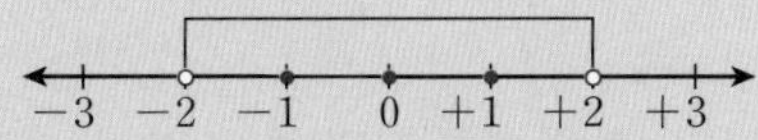

• $-2$보다 크거나 같고 $2$보다 작은 정수 :

$-2$, $-1$, $0$, $+1$

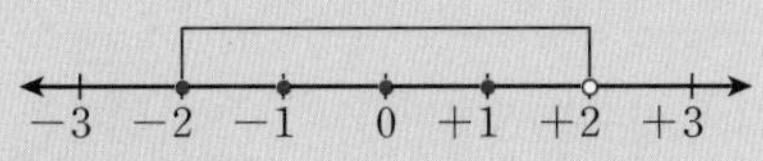

• $-2$보다 크고 $2$보다 작거나 같은 정수 :

$-1$, $0$, $+1$, $+2$

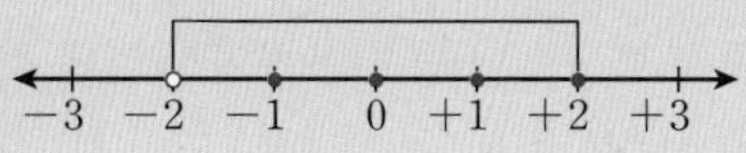

• $-2$ 이상 $2$ 이하인 정수 : $-2$, $-1$, $0$, $+1$, $+2$

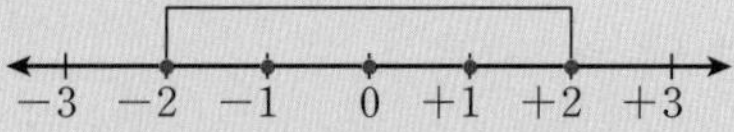

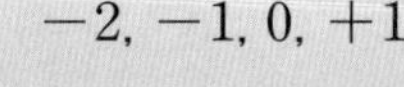

Skill

이상, 이하, 초과, 미만을 나타내는 표현에 주의해.

수직선에 나타낼 때 경계가 포함되면 ●로, 포함되지 않으면 ○로 표시해야 헷갈리지 않아.

**06** 다음을 만족시키는 정수 $a$를 모두 구하시오.

(1) $-2 \le a \le 3$

(2) $-6 < a \le +1$

(3) $-1.5 \le a < \frac{8}{3}$

경계에 있는 수가 포함될 때는 그 수가 정수인지도 확인해야겠지?

**07** 다음 범위에 속하는 정수를 모두 구하시오.

(1) $-5$ 초과 $2$ 이하

(2) $-3$ 이상 $5$ 미만

(3) $-\frac{11}{2}$보다 크거나 같고 $-3.5$보다 작은 수

**08** $-6 < a \le 4.8$을 만족시키는 정수 $a$의 개수를 구하시오.

**09** 두 유리수 $-\frac{7}{3}$과 $\frac{16}{5}$ 사이에 있는 정수의 개수를 구하시오.

**10** 다음 중 $-5.6 \le a < 4$를 만족시키는 유리수 $a$의 값이 될 수 없는 것은?

① $-4$ ② $\frac{17}{4}$ ③ $3\frac{1}{2}$

④ $-1.5$ ⑤ $\frac{1}{3}$

TEST 02

# 단원 평가

**01** 다음 중 부호 +, −를 사용하여 나타낸 것으로 옳지 않은 것은?

① 4일 후 ➡ +4일
② 지하 5층 ➡ −5층
③ 2 kg 증가 ➡ +2 kg
④ 3시간 전 ➡ −3시간
⑤ 해발 1500 m ➡ −1500 m

**02** 다음 수직선 위의 다섯 점 A, B, C, D, E에 대응하는 수로 옳지 않은 것은?

A B C D E
−5 −4 −3 −2 −1 0 +1 +2 +3 +4 +5

① A : −5 ② B : $-\frac{5}{2}$ ③ C : +1
④ D : $+\frac{5}{2}$ ⑤ E : +4.5

**03** 다음은 유리수를 분류한 것이다. □ 안에 들어갈 수 있는 수는?

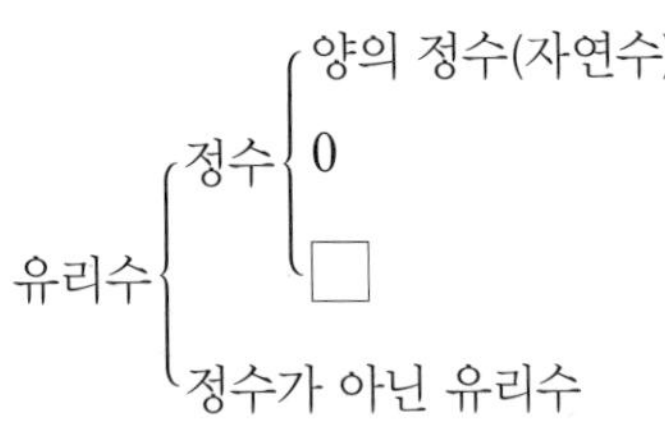


① 4 ② $-\frac{5}{6}$ ③ +2.2
④ −7 ⑤ 0

**04** 다음 중 정수가 아닌 유리수는?

① $\frac{3}{7}$ ② $-\frac{8}{2}$ ③ $+\frac{12}{6}$
④ 0 ⑤ −100

**05** 다음 수들에 대한 설명 중 옳은 것은?

| 0 | −5 | 7 | +2.4 | $-\frac{2}{3}$ | $+\frac{7}{4}$ |
|---|---|---|---|---|---|

① 유리수는 5개이다. ② 자연수는 2개이다.
③ 정수는 3개이다. ④ 음의 정수는 2개이다.
⑤ 정수가 아닌 유리수는 2개이다.

* 다음 수의 절댓값을 기호를 사용하여 나타내고, 그 값을 구하시오. (06~07)

**06** −9 ▶ ______________

**07** $+\frac{1}{3}$ ▶ ______________

**08** 양수 $a$와 음수 $b$에 대하여 $a$의 절댓값이 11이고, $b$의 절댓값이 6일 때, $a$, $b$의 값을 각각 구하시오.

**09** 다음 중 대소 관계가 옳지 않은 것은?

① $-7<+7$ ② $-2<0$
③ $+5<+5.1$ ④ $|-6|<+6$
⑤ $|-8|>|-4|$

*점수*

스피드 정답 : 04쪽
친절한 풀이 : 23쪽

**10** 다음 중 옳은 것을 모두 고르면? (정답 2개)

① 정수는 모두 유리수이다.
② 유리수는 모두 정수이다.
③ 음의 정수는 원점에서 멀어질수록 작아진다.
④ 수직선 위에서 오른쪽으로 갈수록 절댓값이 커진다.
⑤ 0은 유리수가 아니다.

*다음을 부등호를 사용하여 나타내시오. (11~12)

**11** $a$는 $-10$ 초과이고 $10$ 이하이다.

**12** $a$는 $-\frac{1}{3}$보다 작지 않고 $\frac{15}{4}$보다 작거나 같다.

**13** 절댓값이 4.3인 두 수를 수직선 위에 나타낼 때, 두 점 사이의 거리를 구하시오.

**14** 절댓값이 같고 부호가 반대인 어떤 두 수를 수직선 위에 나타내었더니 두 점 사이의 거리가 10이었다. 이 두 수를 구하시오.

**15** 절댓값이 4보다 작은 정수의 개수는?

① 3개 ② 4개 ③ 6개
④ 7개 ⑤ 8개

*다음 수들을 작은 수부터 차례대로 나열하시오. (16~17)

**16**

| $-3$ | $0$ | $-7$ | $+\frac{3}{4}$ |
|---|---|---|---|

**17**

| $-5$ | $+4$ | $-\frac{1}{5}$ | $+0.3$ |
|---|---|---|---|

**18** 다음 중 수직선 위에 나타낼 때, 가장 왼쪽에 있는 수는?

① $-1$ ② $+4$ ③ $0$
④ $+\frac{1}{4}$ ⑤ $-\frac{7}{3}$

**19** $-3 \le a < \frac{5}{2}$를 만족시키는 정수 $a$의 개수는?

① 5개 ② 6개 ③ 7개
④ 8개 ⑤ 9개

**20** 두 수 $-9$와 $8$ 사이에 있는 정수 중 절댓값이 가장 큰 수를 구하시오.

쉬어 가기

# 스도쿠 게임

* 게임 규칙

❶ 모든 가로줄, 세로줄에 각각 1에서 9까지의 숫자를 겹치지 않게 배열한다.

❷ 가로, 세로 3칸씩 이루어진 9칸의 격자 안에도 1에서 9까지의 숫자를 겹치지 않게 배열한다.

| | | | | | | | | |
|---|---|---|---|---|---|---|---|---|
| 2 | | 7 | 4 | | | | | 8 |
| 5 | | 8 | | | 9 | 1 | | 7 |
| | 4 | | | 7 | | | 6 | |
| 6 | | 1 | 2 | | 3 | | 7 | |
| | 5 | | | 4 | | 3 | | 6 |
| 3 | | 4 | 8 | | 7 | | | |
| | 1 | | 6 | | | 7 | | |
| | 7 | | | 3 | | 6 | | 4 |
| 4 | | 6 | 7 | | 5 | | 3 | |

답

| | | | | | | | | |
|---|---|---|---|---|---|---|---|---|
| 2 | 3 | 7 | 4 | 1 | 6 | 9 | 5 | 8 |
| 5 | 6 | 8 | 3 | 2 | 9 | 1 | 4 | 7 |
| 1 | 4 | 9 | 5 | 7 | 8 | 2 | 6 | 3 |
| 6 | 8 | 1 | 2 | 5 | 3 | 4 | 7 | 9 |
| 7 | 5 | 2 | 9 | 4 | 1 | 3 | 8 | 6 |
| 3 | 9 | 4 | 8 | 6 | 7 | 5 | 1 | 2 |
| 9 | 1 | 3 | 6 | 8 | 4 | 7 | 2 | 5 |
| 8 | 7 | 5 | 1 | 3 | 2 | 6 | 9 | 4 |
| 4 | 2 | 6 | 7 | 9 | 5 | 8 | 3 | 1 |

# Chapter Ⅲ

# 정수와 유리수의 계산

keyword

정수와 유리수의 덧셈, 뺄셈, 곱셈, 나눗셈

VISUAL IDEA 5

# 분수의 사칙연산

## Ⅴ 분모와 분자

**"분모는 전체, 분자는 그중 일부분"**

분수는 전체를 똑같이 나눈 것 중의 부분을 의미한다.

분수는 자연수 1을 더 작게 나누어서 그중의 일부분을 나타내는 수이다. 다시 말하면 '전체를 똑같이 나눈 것 중의 부분'을 나타내는 수라는 뜻이다. 1을 나타내는 원 한 개를 똑같이 3조각으로 나눈 것 중의 2조각에 해당하는 부분을 분수로 나타내면, 분모는 전체를 나눈 조각 수 '3'이 되고, 분자는 부분의 조각 수 '2'가 되어 $\frac{2}{3}$가 된다.

$\frac{2}{3}$

2 ← **분자** : 부분의 수 (색칠한 조각 수)

3 ← **분모** : 전체를 똑같이 나눈 수 (전체 조각 수)

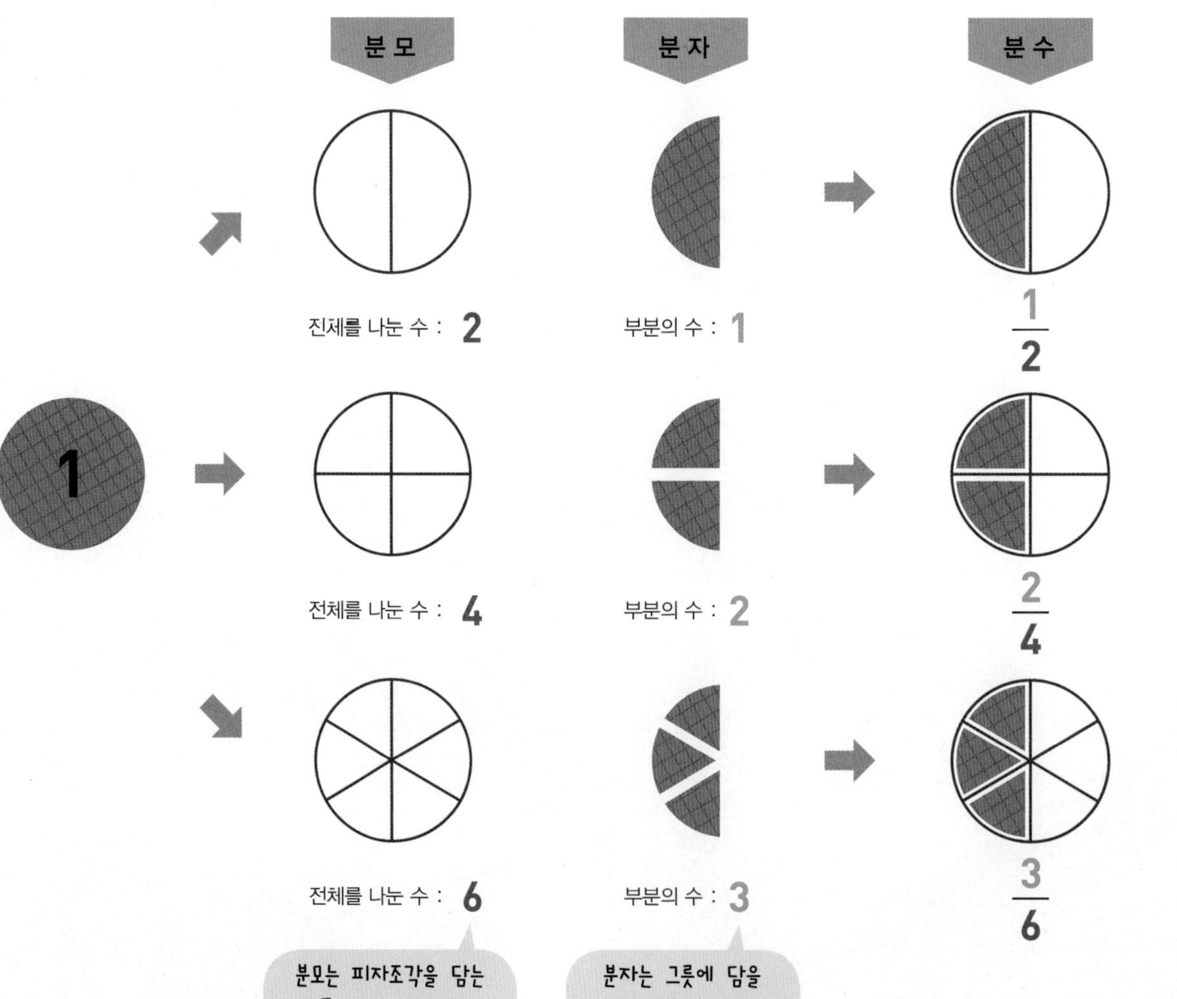

## Ⅴ 분수의 사칙연산 "분모끼리 더하는 건 NO!"

분모는 한 조각의 크기를 알려주는 그릇일 뿐, 더하거나 뺄 수 없다.

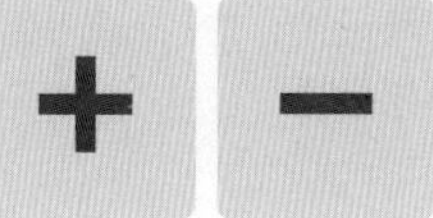

❶ 두 분모를 통분하여 같게 만든다.

❷ 분모가 같으므로 분모는 그대로 두고 분자끼리 더하거나 뺀다.

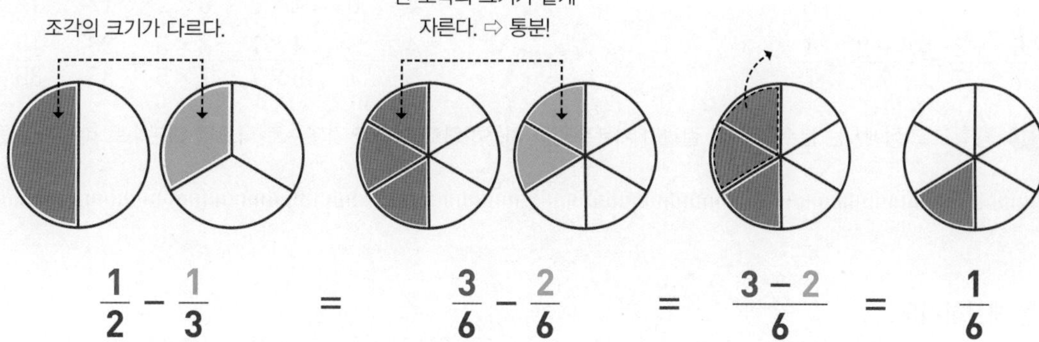


$$\frac{1}{2} - \frac{1}{3} = \frac{3}{6} - \frac{2}{6} = \frac{3-2}{6} = \frac{1}{6}$$

❶ 분자는 분자끼리, 분모는 분모끼리 각각 곱한다.

❷ 계산 과정에서 약분이 되면 약분하여 기약분수로 나타낸다.

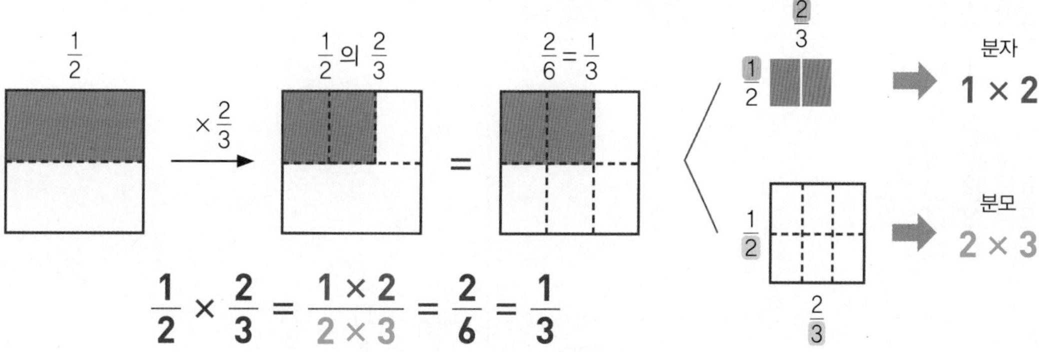


$$\frac{1}{2} \times \frac{2}{3} = \frac{1 \times 2}{2 \times 3} = \frac{2}{6} = \frac{1}{3}$$

❶ 나누는 수의 분모와 분자를 바꾸어 나눗셈을 곱셈으로 고친다.

❷ 분수의 곱셈 계산을 한다.

$$\frac{1}{2} \div \frac{2}{3} = \frac{1}{2} \times \frac{3}{2} = \frac{3}{4}$$

÷ ➡ ×

곱셈으로 바꿀 땐 물구나무를 서자.
분자와 분모의 위치를 바꾸는 거지!

ACT 20

# 분수의 덧셈과 뺄셈

스피드 정답 : 05쪽
친절한 풀이 : 24쪽

### 분모가 같은 분수의 덧셈과 뺄셈

❶ 분모는 그대로 쓴다.

❷ 분자끼리 더하거나 뺀다.

예 $\frac{3}{5}+\frac{4}{5}=\frac{3+4}{5}=\frac{7}{5}$

$\frac{6}{7}-\frac{2}{7}=\frac{6-2}{7}=\frac{4}{7}$

### 분모가 다른 분수의 덧셈과 뺄셈

❶ 분모를 분모의 최소공배수로 통분한다.

❷ 분자끼리 더하거나 뺀다.

예 $\frac{1}{4}+\frac{1}{6}=\frac{1\times3}{4\times3}+\frac{1\times2}{6\times2}=\frac{3}{12}+\frac{2}{12}=\frac{5}{12}$

$\frac{4}{5}-\frac{3}{7}=\frac{4\times7}{5\times7}-\frac{3\times5}{7\times5}=\frac{28}{35}-\frac{15}{35}=\frac{13}{35}$

참고 중학교 과정에서는 분수의 계산 결과가 가분수임을 허용하므로 결과가 가분수로 나오면 대분수로 바꾸지 않는다.

**＊ 다음을 계산하시오.**

01 $\frac{1}{3}+\frac{1}{3}=\frac{\square+\square}{3}=\frac{\square}{3}$

02 $\frac{1}{2}+\frac{1}{2}$

03 $\frac{5}{9}+\frac{2}{9}$

04 $\frac{3}{4}+\frac{5}{4}$

계산 결과는 약분해서 나타내야 해.

05 $\frac{4}{7}+\frac{9}{7}$

06 $\frac{13}{6}+\frac{1}{6}$

07 $\frac{4}{5}-\frac{2}{5}=\frac{\square-\square}{5}=\frac{\square}{5}$

08 $\frac{8}{11}-\frac{5}{11}$

09 $\frac{3}{4}-\frac{1}{4}$

10 $\frac{17}{8}-\frac{11}{8}$

자연수는 빼는 수와 분모가 같은 가분수로 나타낸다.

11 $1-\frac{1}{6}=\frac{\square}{6}-\frac{1}{6}=\square$

12 $5-\frac{8}{7}$

13 $\frac{1}{2}+\frac{2}{3}=\frac{1\times\square}{2\times3}+\frac{2\times\square}{3\times2}$

$=\frac{\square}{6}+\frac{\square}{6}=\square$

14 $\frac{1}{3}+\frac{3}{5}$

15 $\frac{10}{7}+\frac{4}{5}$

16 $\frac{8}{15}+\frac{7}{10}$

17 $\frac{2}{21}+\frac{38}{35}$

18 $\frac{7}{3}+\frac{7}{12}$

19 $\frac{5}{2}+\frac{13}{8}$

20 $\frac{16}{9}+\frac{11}{6}$

21 $\frac{5}{6}-\frac{5}{9}=\frac{5\times\square}{6\times3}-\frac{5\times\square}{9\times2}$

$=\frac{\square}{18}-\frac{\square}{18}=\square$

22 $\frac{3}{8}-\frac{2}{7}$

23 $\frac{11}{9}-\frac{3}{4}$

24 $\frac{7}{10}-\frac{5}{12}$

25 $\frac{13}{5}-\frac{1}{2}$

26 $\frac{25}{8}-\frac{7}{10}$

27 $\frac{9}{2}-\frac{7}{6}$

28 $\frac{7}{4}-\frac{15}{14}$

ACT 21

# 분수의 곱셈과 나눗셈

스피드 정답 : 05쪽
친절한 풀이 : 24쪽

**분수의 곱셈**

❶ 계산 과정에서 약분이 되면 약분한다.

❷ 분자는 분자끼리, 분모는 분모끼리 곱한다.

예) $\frac{3}{\not{4}_1} \times \frac{\not{8}^2}{7} = \frac{3 \times 2}{1 \times 7} = \frac{6}{7}$

**분수의 나눗셈**

❶ 나누는 수의 분모와 분자를 바꾸어 나눗셈을 곱셈으로 고친다.

❷ 약분이 되면 약분하여 분수의 곱셈 계산을 한다.

예) $\frac{8}{3} \div \frac{4}{9} \overset{❶}{=} \frac{8}{3} \times \frac{9}{4} = \frac{\not{8}^2}{\not{3}_1} \times \frac{\not{9}^3}{\not{4}_1} \overset{❷}{=} 6$

* 다음을 계산하시오.

01 $\frac{3}{7} \times 2$

02 $\frac{5}{6} \times 3$

03 $6 \times \frac{11}{2}$

04 $15 \times \frac{4}{25}$

05 $\frac{3}{4} \times \frac{3}{5}$

06 $\frac{6}{7} \times \frac{5}{8}$

07 $\frac{3}{10} \times \frac{5}{9}$

08 $\frac{5}{7} \times \frac{3}{2}$

09 $\frac{7}{8} \times \frac{22}{21}$

10 $\frac{9}{2} \times \frac{3}{4}$

11 $\frac{42}{5} \times \frac{5}{7}$

12 $\frac{27}{10} \times \frac{8}{3}$

13 $\frac{25}{6} \times \frac{39}{20}$

14 $\frac{12}{5} \times \frac{50}{33}$

15 $\frac{3}{4}\div 2=\frac{3}{4}\times\frac{1}{\square}=\square$

16 $\frac{6}{7}\div 3$

17 $4\div\frac{1}{7}$

18 $5\div\frac{1}{10}$

19 $\frac{3}{7}\div\frac{2}{7}$

20 $\frac{4}{5}\div\frac{8}{5}$

21 $\frac{1}{6}\div\frac{3}{5}$

22 $\frac{2}{3}\div\frac{4}{7}$

23 $\frac{5}{8}\div\frac{9}{4}$

24 $\frac{4}{13}\div\frac{40}{39}$

25 $\frac{7}{6}\div\frac{11}{12}$

26 $\frac{32}{21}\div\frac{2}{7}$

27 $\frac{5}{4}\div\frac{4}{3}$

28 $\frac{21}{20}\div\frac{9}{8}$

29 $\frac{13}{9}\div\frac{26}{21}$

30 $\frac{25}{21}\div\frac{20}{7}$

VISUAL IDEA
6

# 정수와 유리수의 덧셈과 뺄셈

## Ⓥ 정수의 덧셈 "수직선으로 이해하자."

수직선에서 화살표의 길이는 절댓값을, 화살표의 방향은 부호(+, −)를 나타낸다.

### ▶ 부호가 같은 두 수의 덧셈(++, −−)

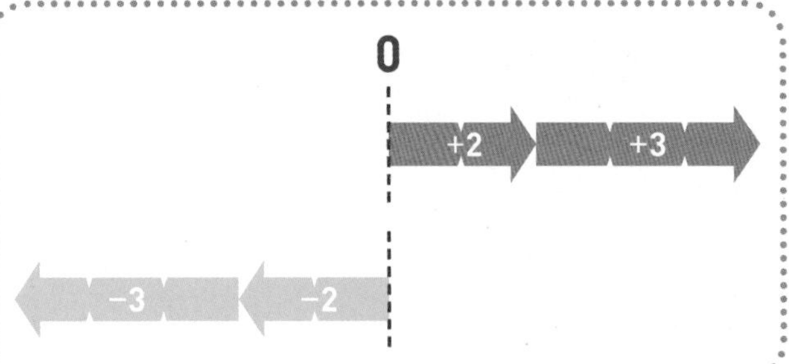


**절댓값의 합에 같은 부호를 붙인다.**

$$(+2)+(+3)=+(2+3)=+5$$

$$(-2)+(-3)=-(2+3)=-5$$

### ▶ 부호가 다른 두 수의 덧셈(+−, −+)

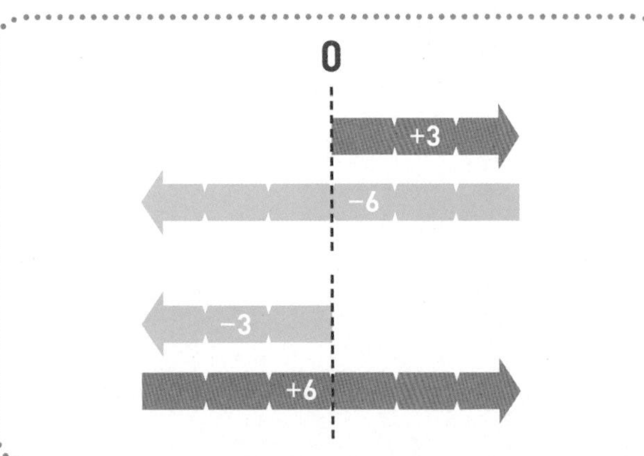


**절댓값의 차에 절댓값이 더 큰 수의 부호를 붙인다.**

$$(+3)+(-6)=-(6-3)=-3$$

$$(-3)+(+6)=+(6-3)=+3$$

**정수 말고 분수를 더할 때는? 일단 통분부터!**

부호가 다른 두 분수를 더할 때에는 두 분수 중에서 무엇의 절댓값이 더 큰지 알아야 계산 결과의 부호를 결정할 수 있어요.
분수의 덧셈이나 뺄셈이 보이면 일단 통분부터 하자고요.

## 정수의 뺄셈

### "덧셈으로 바꾸어 계산하자."

괄호 밖을 덧셈으로 고치고, 빼는 수의 부호를 바꾸어 계산한다.

앞에 뺄셈 부호가 붙으면 방향을 반대로 바꾸어야 한다는 뜻이야.
그래서 -+는 +-가 되고, --는 ++가 되지.

$-(+3) \rightarrow +(-3)$

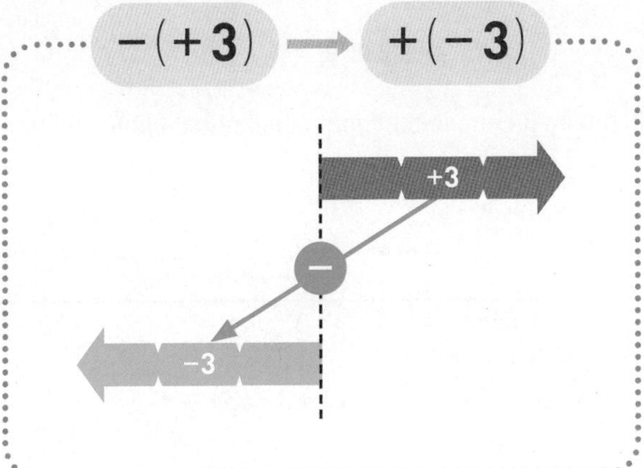


**뺄셈 부호는 주어진 수를 반대 방향으로 바꾼다.**

-(+3)
⇨ "오른쪽으로 3만큼"을 반대로 뒤집기
⇨ 왼쪽으로 3만큼
⇨ +(-3)

$$(+2)-(+3)=(+2)+(-3)=-1$$

$-(-3) \rightarrow +(+3)$

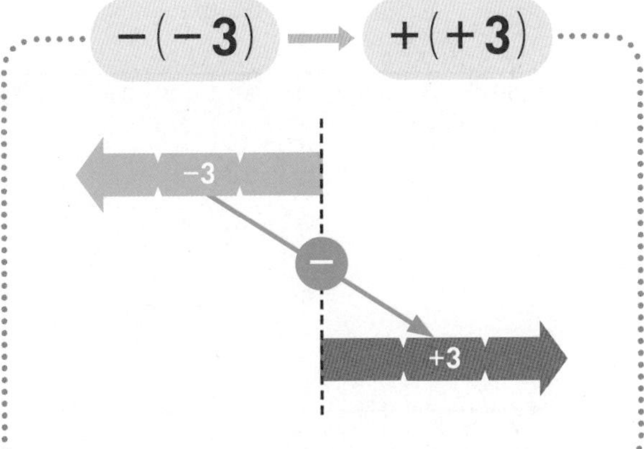


**음수의 반대 방향은 양수와 같은 방향이다.**

-(-3)
⇨ "왼쪽으로 3만큼"을 반대로 뒤집기
⇨ 오른쪽으로 3만큼
⇨ +(+3)

$$(+2)-(-3)=(+2)+(+3)=+5$$

**뺄셈은 모두 덧셈으로 바꾸어서 계산해요.**

이제부터 뺄셈은 생각하지 말기로 해요. 양수를 빼는 대신 음수를 더하는 거죠.
뺄셈 문제를 바로 앞에서 배운 덧셈과 같은 문제로 만들면 더 쉽게 풀 수 있겠죠?

ACT 22

# 부호가 같은 정수의 덧셈

스피드 정답 : 05쪽
친절한 풀이 : 25쪽

부호가 같은 두 정수의 합은 두 수의 절댓값의 합에 공통인 부호를 붙인 것과 같다.

**양의 정수의 합**

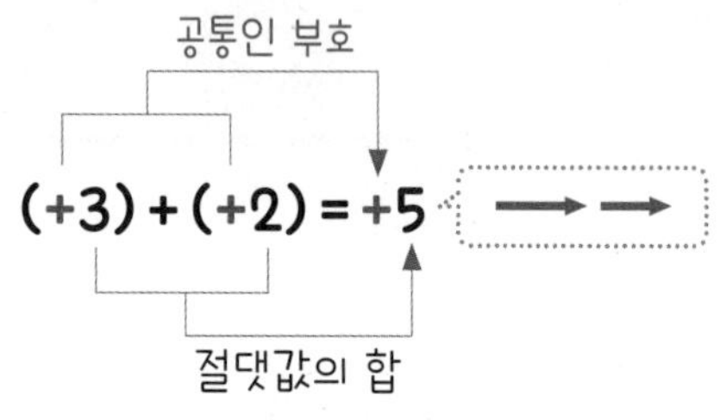


**음의 정수의 합**

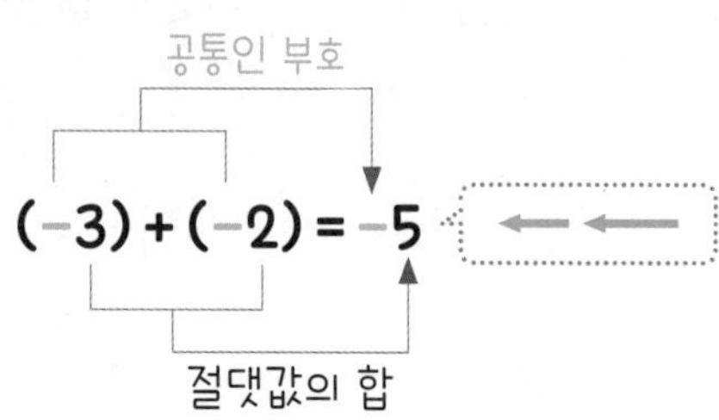


**＊ 수직선을 이용하여 다음을 계산하시오.**

01

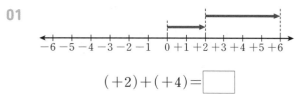

$-6\ -5\ -4\ -3\ -2\ -1\ \ 0\ +1\ +2\ +3\ +4\ +5\ +6$

$(+2)+(+4)=\square$

02

$-6\ -5\ -4\ -3\ -2\ -1\ \ 0\ +1\ +2\ +3\ +4\ +5\ +6$

$(+1)+(+3)=\square$

03

$-6\ -5\ -4\ -3\ -2\ -1\ \ 0\ +1\ +2\ +3\ +4\ +5\ +6$

$(+3)+(+3)=\square$

04

$-6\ -5\ -4\ -3\ -2\ -1\ \ 0\ +1\ +2\ +3\ +4\ +5\ +6$

$(+4)+(+1)=\square$

05

$-6\ -5\ -4\ -3\ -2\ -1\ \ 0\ +1\ +2\ +3\ +4\ +5\ +6$

$(-1)+(-3)=\square$

06

$-6\ -5\ -4\ -3\ -2\ -1\ \ 0\ +1\ +2\ +3\ +4\ +5\ +6$

$(-3)+(-3)=\square$

07

$-6\ -5\ -4\ -3\ -2\ -1\ \ 0\ +1\ +2\ +3\ +4\ +5\ +6$

$(-1)+(-2)=\square$

08

$-6\ -5\ -4\ -3\ -2\ -1\ \ 0\ +1\ +2\ +3\ +4\ +5\ +6$

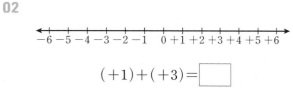

$(-2)+(-4)=\square$

* 다음을 계산하시오.

09 $(+5)+(+4)=\bigcirc(5+\square)=\square$

10 $(+3)+(+7)$

11 $(+8)+(+5)$

12 $(+9)+(+2)$

13 $(+13)+(+12)$

14 $(+15)+(+6)$

15 $(+19)+(+28)$

16 $(+22)+(+31)$

17 $(+26)+(+42)$

18 $(+54)+(+39)$

19 $(-4)+(-2)=\bigcirc(4+\square)=\square$

20 $(-7)+(-1)$

21 $(-3)+(-8)$

22 $(-14)+(-6)$

23 $(-12)+(-17)$

24 $(-20)+(-10)$

25 $(-32)+(-52)$

26 $(-81)+(-19)$

시험에는 이렇게 나온대.

27 다음 중 계산 결과가 옳지 않은 것은?

① $(+14)+(+21)=+35$
② $(+32)+(+59)=+91$
③ $(-15)+(-34)=-49$
④ $(-47)+(-16)=-31$
⑤ $(-53)+(-11)=-64$

ACT 23

# 부호가 다른 정수의 덧셈

스피드 정답 : 05쪽
친절한 풀이 : 25쪽

부호가 다른 두 정수의 합은 두 수의 절댓값의 차에 절댓값이 큰 수의 부호를 붙인 것과 같다.

**양의 정수의 절댓값이 큰 경우**

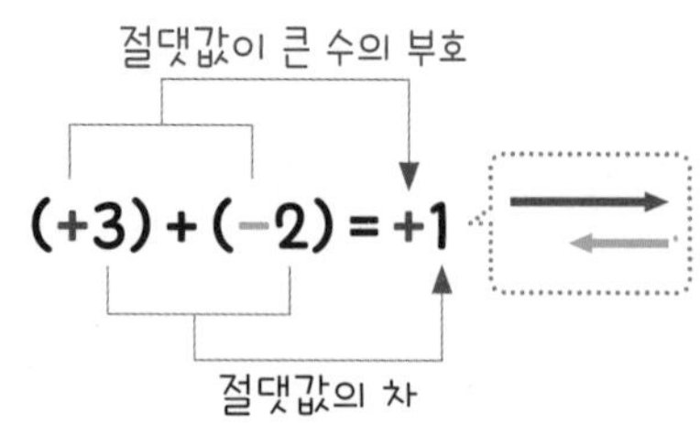


**음의 정수의 절댓값이 큰 경우**

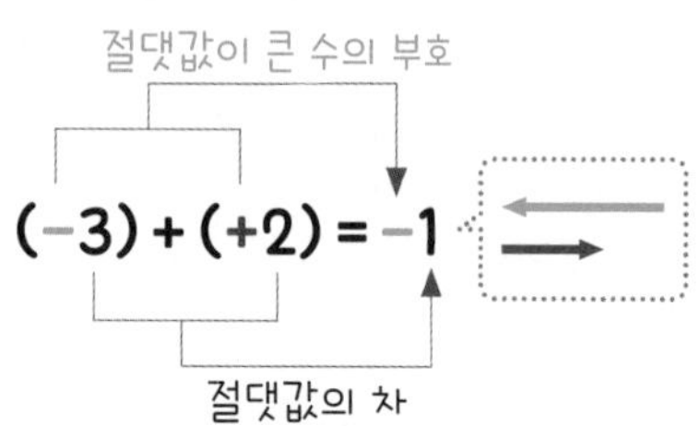


* 수직선을 이용하여 다음을 계산하시오.

01

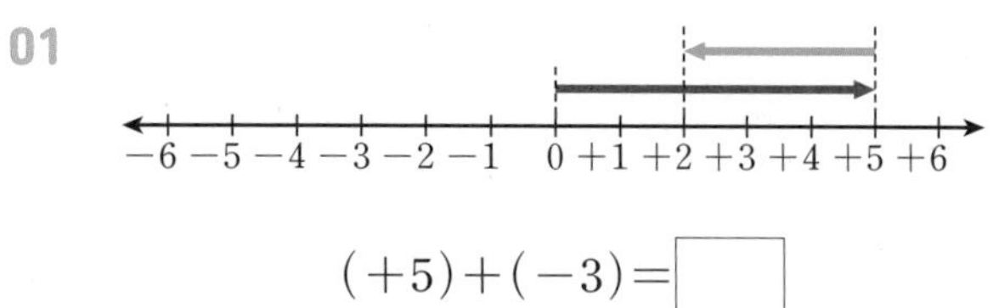


$(+5)+(-3)=\square$

02

−6 −5 −4 −3 −2 −1 0 +1 +2 +3 +4 +5 +6

$(+6)+(-5)=\square$

03

−6 −5 −4 −3 −2 −1 0 +1 +2 +3 +4 +5 +6

$(-4)+(+9)=\square$

04

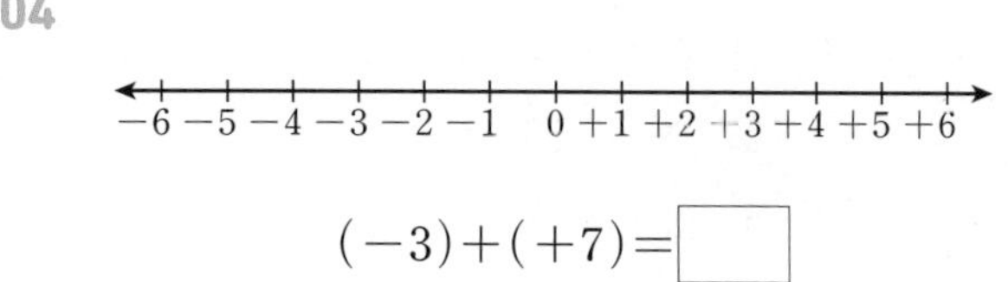


$(-3)+(+7)=\square$

05

−6 −5 −4 −3 −2 −1 0 +1 +2 +3 +4 +5 +6

$(-6)+(+4)=\square$

06

−6 −5 −4 −3 −2 −1 0 +1 +2 +3 +4 +5 +6

$(-5)+(+2)=\square$

07

−6 −5 −4 −3 −2 −1 0 +1 +2 +3 +4 +5 +6

$(+1)+(-7)=\square$

08

−6 −5 −4 −3 −2 −1 0 +1 +2 +3 +4 +5 +6

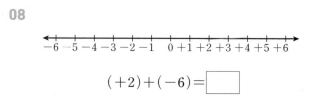

$(+2)+(-6)=\square$

* 다음을 계산하시오.

09 $(+8)+(-2)=\bigcirc(8-\square)=\square$

계산 결과의 부호부터 결정해.

10 $(+10)+(-6)$

11 $(+15)+(-5)$

12 $(+19)+(-12)$

13 $(-1)+(+7)=\bigcirc(7-\square)=\square$

14 $(-6)+(+8)$

15 $(-12)+(+20)$

16 $(-26)+(+56)$

17 $(-9)+(+4)=\bigcirc(\square-4)=\square$

18 $(-18)+(+12)$

19 $(-24)+(+11)$

20 $(-38)+(+17)$

21 $(+4)+(-11)=\bigcirc(11-\square)=\square$

22 $(+7)+(-30)$

23 $(+13)+(-38)$

24 $(+20)+(-24)$

25 $(+27)+(-53)$

시험에는 이렇게 나온대.

26 다음 중 계산 결과가 나머지 넷과 다른 것은?

① $(+9)+(-25)$
② $(+28)+(-12)$
③ $(-36)+(+20)$
④ $(+24)+(-40)$
⑤ $(-59)+(+43)$

ACT 24

# 유리수의 덧셈

스피드 정답 : 06쪽
친절한 풀이 : 26쪽

정수가 아닌 유리수의 덧셈도 정수의 덧셈과 같은 방법으로 계산한다.

**부호가 같은 두 유리수의 덧셈**

공통인 부호

$(+1.2)+(+0.4)=+1.6$

절댓값의 합

공통인 부호

$\left(-\frac{1}{2}\right)+\left(-\frac{1}{3}\right)=\left(-\frac{3}{6}\right)+\left(-\frac{2}{6}\right)=-\frac{5}{6}$

절댓값의 합

**부호가 다른 두 유리수의 덧셈**

절댓값이 큰 수의 부호

$(+1.2)+(-0.4)=+0.8$

절댓값의 차

절댓값이 큰 수의 부호

$\left(-\frac{1}{2}\right)+\left(+\frac{1}{3}\right)=\left(-\frac{3}{6}\right)+\left(+\frac{2}{6}\right)=-\frac{1}{6}$

절댓값의 차

* 다음을 계산하시오.

**01** $(+0.5)+(+5.5)$

**02** $(+7.6)+(+9.2)$

**03** $(-0.4)+(-2.7)$

**04** $(-3.4)+(-4.8)$

**05** $(+1.8)+(-0.5)$

**06** $(+6.1)+(-2.4)$

**07** $(-8.5)+(+9.6)$

**08** $(-1.9)+(+3.7)$

**09** $(-2.7)+(+1.3)$

**10** $(-6.8)+(+2.9)$

**11** $(+4.6)+(-9.3)$

**12** $(+3.8)+(-7.4)$

13 $\left(+\frac{5}{7}\right)+\left(+\frac{9}{7}\right)$

14 $\left(+\frac{3}{10}\right)+\left(+\frac{2}{15}\right)$

15 $\left(-\frac{4}{5}\right)+\left(-\frac{1}{4}\right)$

16 $\left(-\frac{1}{6}\right)+\left(-\frac{5}{9}\right)$

17 $\left(+\frac{7}{12}\right)+\left(-\frac{1}{3}\right)$

18 $\left(+\frac{3}{8}\right)+\left(-\frac{5}{14}\right)$

19 $\left(+\frac{4}{9}\right)+\left(-\frac{1}{6}\right)$

20 $\left(-\frac{7}{18}\right)+\left(+\frac{5}{12}\right)$

21 $\left(-\frac{3}{34}\right)+\left(+\frac{11}{17}\right)$

22 $\left(-\frac{4}{7}\right)+\left(+\frac{1}{8}\right)$

23 $\left(-\frac{5}{6}\right)+\left(+\frac{3}{4}\right)$

24 $\left(-\frac{13}{8}\right)+\left(+\frac{2}{3}\right)$

25 $\left(+\frac{5}{12}\right)+\left(-\frac{7}{9}\right)$

26 $\left(+\frac{2}{15}\right)+\left(-\frac{19}{20}\right)$

27 $\left(+\frac{13}{24}\right)+\left(-\frac{11}{16}\right)$

28 $(+5.9)+\left(-\frac{3}{2}\right)$

소수나 분수 중 한 가지로 통일해야겠지?

29 $\left(-\frac{8}{3}\right)+(+1.2)$

시험에는 이렇게 나온대.

**30** 다음 중 계산 결과가 옳은 것은?

① $\left(+\frac{1}{2}\right)+\left(+\frac{7}{4}\right)=+\frac{9}{2}$

② $\left(-\frac{7}{10}\right)+\left(-\frac{1}{10}\right)=-\frac{3}{5}$

③ $\left(+\frac{7}{8}\right)+\left(-\frac{5}{12}\right)=+\frac{31}{24}$

④ $\left(-\frac{9}{16}\right)+\left(+\frac{1}{6}\right)=+\frac{19}{48}$

⑤ $\left(+\frac{11}{14}\right)+\left(-\frac{9}{10}\right)=-\frac{4}{35}$

ACT 25

# 정수의 뺄셈

스피드 정답 : 06쪽
친절한 풀이 : 27쪽

두 정수의 뺄셈은 빼는 수의 부호를 바꾸어 덧셈으로 고쳐서 계산한다.

뺄셈을 덧셈으로

$(-3)-(+5)=(-3)+(-5)=-8$

빼는 수의 부호를 반대로

뺄셈을 덧셈으로

$(-3)-(-5)=(-3)+(+5)=+2$

빼는 수의 부호를 반대로

＊ 다음은 정수의 뺄셈 과정이다. □ 안에 알맞은 수를 써넣으시오.

빼는 수의 부호를 바꾸어 더한다.

01 $(+2)-(-5)=(+2)+(\square)$
$=\square$

02 $(-9)-(+4)=(-9)+(\square)$
$=\square$

03 $(+7)-(+2)=(+7)+(\square)$
$=\square$

04 $(+3)-(+8)=(+3)+(\square)$
$=\square$

05 $(-5)-(-1)=(-5)+(\square)$
$=\square$

06 $(-2)-(-9)=(-2)+(\square)$
$=\square$

＊ 다음을 계산하시오.

07 $(+4)-(-6)$

08 $(+8)-(-5)$

09 $(+13)-(-27)$

10 $(-5)-(+7)$

11 $(-11)-(+14)$

12 $(-29)-(+23)$

**13** $(+9)-(+3)$

**14** $(+5)-(+4)$

**15** $(+12)-(+6)$

**16** $(+20)-(+8)$

**17** $(+36)-(+25)$

**18** $(+2)-(+6)$

**19** $(+5)-(+10)$

**20** $(+13)-(+20)$

**21** $(+29)-(+39)$

**22** $(-3)-(-10)$

**23** $(-13)-(-24)$

**24** $(-18)-(-40)$

**25** $(-25)-(-53)$

**26** $(-8)-(-3)$

**27** $(-14)-(-7)$

**28** $(-26)-(-11)$

**29** $(-40)-(-9)$

시험에는 이렇게 나온대.

**30** 다음은 수직선을 이용하여 정수의 계산을 한 것이다. 그림에 알맞은 계산식을 모두 고르면? (정답 2개)

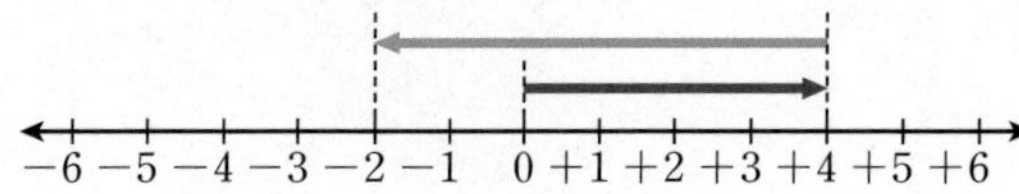


① $(-2)+(+6)=+4$
② $(+2)+(-4)=-2$
③ $(+4)-(-2)=+6$
④ $(+4)+(-6)=-2$
⑤ $(+4)-(+6)=-2$

ACT 26

# 유리수의 뺄셈

스피드 정답 : 06쪽
친절한 풀이 : 28쪽

정수가 아닌 유리수의 뺄셈도 정수의 뺄셈과 같은 방법으로 계산한다.

뺄셈을 덧셈으로

$$(+2.7)-(-1.2)=(+2.7)+(+1.2)$$

빼는 수의 부호를 반대로

$$=+3.9$$

뺄셈을 덧셈으로

$$\left(-\frac{2}{5}\right)-\left(-\frac{1}{4}\right)=\left(-\frac{2}{5}\right)+\left(+\frac{1}{4}\right)$$

빼는 수의 부호를 반대로

$$=\left(-\frac{8}{20}\right)+\left(+\frac{5}{20}\right)=-\frac{3}{20}$$

* 다음을 계산하시오.

01 $(+2.5)-(-0.5)$

02 $(+7.4)-(-1.8)$

03 $(-1.3)-(+3.2)$

04 $(-4.9)-(+6.7)$

05 $(+4.3)-(+2.1)$

06 $(+9.6)-(+8.2)$

07 $(+1.6)-(+3.7)$

08 $(+4.9)-(+8.5)$

09 $(-2.6)-(-3.9)$

10 $(-0.7)-(-8.1)$

11 $(-5.3)-(-2.7)$

12 $(-9.4)-(-1.5)$

13 $\left(+\frac{3}{8}\right)-\left(-\frac{1}{4}\right)$

14 $\left(+\frac{11}{15}\right)-\left(-\frac{3}{10}\right)$

15 $\left(-\frac{9}{11}\right)-\left(+\frac{4}{11}\right)$

16 $\left(-\frac{15}{16}\right)-\left(+\frac{1}{8}\right)$

17 $\left(+\frac{8}{3}\right)-\left(+\frac{5}{6}\right)$

18 $\left(+\frac{4}{5}\right)-\left(+\frac{1}{20}\right)$

19 $\left(+\frac{13}{6}\right)-\left(+\frac{3}{4}\right)$

20 $\left(+\frac{4}{15}\right)-\left(+\frac{5}{9}\right)$

21 $\left(+\frac{1}{2}\right)-\left(+\frac{6}{7}\right)$

22 $\left(+\frac{19}{36}\right)-\left(+\frac{7}{12}\right)$

23 $\left(-\frac{2}{7}\right)-\left(-\frac{1}{3}\right)$

24 $\left(-\frac{5}{12}\right)-\left(-\frac{7}{9}\right)$

25 $\left(-\frac{9}{26}\right)-\left(-\frac{10}{13}\right)$

26 $\left(-\frac{3}{4}\right)-\left(-\frac{1}{3}\right)$

27 $\left(-\frac{5}{8}\right)-\left(-\frac{15}{28}\right)$

28 $(+6.8)-\left(-\frac{4}{5}\right)$

29 $\left(-\frac{11}{2}\right)-(-3.2)$

시험에는 이렇게 나온대.

**30** 다음 중 절댓값이 가장 큰 수를 $a$, 절댓값이 가장 작은 수를 $b$라고 할 때, $a-b$의 값을 구하시오.

| $-2$ | $+\frac{7}{3}$ | $+1.9$ | $-\frac{3}{4}$ |
|---|---|---|---|

부호를 떼고 비교해서 a, b를 먼저 찾자.

# ACT+ 27 필수 유형 훈련

스피드 정답 : 06쪽
친절한 풀이 : 29쪽

## 유형 1 ●보다 ◆만큼 큰(작은) 수 구하기

- ●보다 ◆만큼 큰 수 ➡ ●+◆
- ●보다 ◆만큼 작은 수 ➡ ●−◆

**01** 다음 수를 구하시오.

(1) $-7$보다 $+9$만큼 큰 수

(2) $-5$보다 $+3$만큼 작은 수

(3) $+2$보다 $-10$만큼 작은 수

(4) $+1.5$보다 $-7.2$만큼 큰 수

(5) $-\frac{8}{21}$보다 $+\frac{9}{14}$ 만큼 작은 수

**02** 다음 중 그 값이 음수인 것을 모두 고르면? (정답 2개)

① $-9$보다 $-12$만큼 작은 수
② $-5$보다 $-6$만큼 큰 수
③ $-11$보다 $+14$만큼 큰 수
④ $+15$보다 $+19$만큼 작은 수
⑤ $+23$보다 $-23$만큼 큰 수

## 유형 2 덧셈식, 뺄셈식에서 모르는 수 구하기

- ■+▲=● ➡ ■=●−▲, ▲=●−■
- ■−▲=● ➡ ■=●+▲, ▲=■−●

Skill  등호(=) 왼쪽에는 □만 남도록 식을 고치자.
□=?의 꼴로 바꾸는 거지. 대신 꼭 검산할 것!

**03** 다음 □ 안에 알맞은 수를 써넣으시오.

(1) $(+5)+(\square)=-7$ (□=(−7)−(+5)로 고칠 수 있어.)

(2) $(\square)+(-4)=+25$

(3) $(\square)-(+6)=-12$

(4) $(+18)-(\square)=+41$

**04** 유리수 $a$에 대하여 $a-\left(-\frac{2}{3}\right)=+\frac{4}{9}$일 때, $a$의 값을 구하시오.

**05** 다음 식의 □ 안에 알맞은 수는?

$$\left(-\frac{17}{5}\right)+(\square)=+4.6$$

① $-8$ ② $-\frac{6}{5}$ ③ $+\frac{6}{5}$
④ $+1.6$ ⑤ $+8$

## 유형 3 잘못된 계산을 보고 바른 답 구하기

❶ 어떤 수를 □로 놓고 잘못 계산한 대로 식을 세운다.

❷ 덧셈과 뺄셈의 관계를 이용하여 □의 값을 구한다.

❸ 바르게 계산한 값을 구한다.

**Skill**  잘못 계산한 식과 바르게 계산한 식을 처음부터 세워 놓고 문제를 풀자.

**06** 어떤 수 $a$에서 $-13$을 빼야 할 것을 잘못하여 더했더니 $+2$가 되었다. 이때 다음을 구하시오.

(1) $a$의 값

잘못 계산한 식 : a+(−13)=+2
바르게 계산한 식 : a−(−13)=?

(2) 바르게 계산한 값

**07** 어떤 수에 $+\frac{1}{4}$을 더해야 할 것을 잘못하여 뺐더니 $-\frac{3}{10}$이 되었다. 바르게 계산한 값은?

① $-\frac{1}{5}$　② $-\frac{1}{20}$　③ $+\frac{1}{5}$
④ $+\frac{1}{20}$　⑤ $+\frac{3}{10}$

**08** $-8.9$에서 어떤 수를 빼야 할 것을 잘못하여 더했더니 $+1.6$이 되었다. 바르게 계산한 값을 구하시오.

## 유형 4 절댓값이 주어진 두 수의 합과 차

$|a|=m$, $|b|=n(m>0, n>0)$일 때

| | 가장 큰 값 | 가장 작은 값 |
|---|---|---|
| $a+b$의 값 | $(+m)+(+n)$ | $(-m)+(-n)$ |
| $a-b$의 값 | $(+m)-(-n)$ | $(-m)-(+n)$ |

**Skill** (+m)−(−n)=(+m)+(+n), (−m)−(+n)=(−m)+(−n)
a−b의 가장 큰 값은 양수끼리의 합, 가장 작은 값은 음수끼리의 합이야. a+b와 똑같지!

**09** 두 수 $a$, $b$에 대하여 $|a|=2$, $|b|=1$일 때, $a+b$의 값 중 가장 큰 값을 구하려고 한다. 다음 물음에 답하시오.

(1) $a$의 값을 모두 구하시오.

(2) $b$의 값을 모두 구하시오.

(3) $a+b$의 값을 모두 구하시오.

(4) $a+b$의 값 중 가장 큰 값을 구하시오.

**10** 두 수 $a$, $b$에 대하여 $|a|=4$, $|b|=6$일 때, $a+b$의 값 중 가장 작은 값을 구하시오.

**11** 두 수 $a$, $b$에 대하여 $|a|=3$, $|b|=8$일 때, $a-b$의 값 중 가장 큰 값과 가장 작은 값을 구하시오.

가장 큰 값 (　　　　)
가장 작은 값 (　　　　)

VISUAL IDEA 7

# 정수와 유리수의 곱셈과 나눗셈

## V 정수의 곱셈

**"크기는 됐고, 부호가 중요해."**

절댓값의 곱에 두 수의 부호가 같으면 +, 다르면 −를 붙인다.

**(+2)×(+3), (+2)×(−3), (−2)×(+3), (−2)×(−3)의 크기는 모두 6이야.**
**문제는 6 앞에 +를 붙일지, −를 붙일지 결정해야 한다는 거야.**

### ▶ 부호가 같은 두 수의 곱셈(++, −−)

방향

$$(+2)\times(+3)=(+6)$$

→를 원래 방향으로 곱하면 →

$$(-2)\times(-3)=(+6)$$

←를 반대 방향으로 곱하면 →

두 수의 곱셈에서 서로 부호가 같으면 곱은 항상 양수(+)이다.

$$\left.\begin{matrix}+\times+\\-\times-\end{matrix}\right\}=+$$

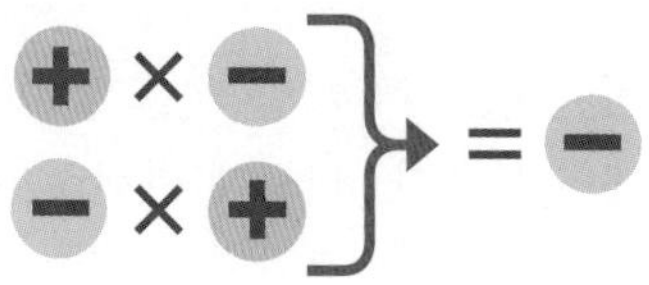


### ▶ 부호가 다른 두 수의 곱셈(+−, −+)

$$(+2)\times(-3)=(-6)$$

→를 반대 방향으로 곱하면 ←

$$(-2)\times(+3)=(-6)$$

←를 원래 방향으로 곱하면 ←

두 수의 곱셈에서 서로 부호가 다르면 곱은 항상 음수(−)이다.

$$\left.\begin{matrix}+\times-\\-\times+\end{matrix}\right\}=-$$

## Ⅴ 정수의 나눗셈

**"나눗셈을 곱셈으로 바꾸어 계산하자."**

나누는 수를 뒤집어 분수로 만든 후 곱셈으로 계산한다.

> 7÷2처럼 나누어떨어지지 않는 나눗셈을 할 때
> 7÷2=3⋯1로 나타냈었지? 앞으로는 곱셈으로 바꿔서
> 하나의 '값'으로 나타내자. $7 \div 2 = \frac{7}{2}$, 이렇게!

### ▶ 나눗셈을 곱셈으로 고치는 3 STEPS

**"나누는 수로 물구나무를 서자."**

$$(+4) \div (-3) = (+4) \times \left(-\frac{1}{3}\right)$$

$-3 = -\frac{3}{1}$

$-\frac{3}{1} \rightarrow -\frac{1}{3}$

⊕ ÷ ⊕, ⊖ ÷ ⊖ → = ⊕

⊕ ÷ ⊖, ⊖ ÷ ⊕ → = ⊖

STEP 1. 나누는 수를 분수로 나타낸다. (정수 → $\frac{정수}{1}$, 대분수 → 가분수, 소수 → 분수)

STEP 2. 분모와 분자의 위치를 바꾸어 역수를 만든다.
이때 +, − 부호는 바뀌지 않는다.

STEP 3. 나눗셈(÷) 기호를 곱셈(×) 기호로 바꾸어 곱셈과 같이 계산한다.

**[경제학으로 곱셈 이해하기]** "빚과 이익 모델"

빚 | 이익

빚은 음수(−), 이익은 양수(+)
늘어나면 덧셈, 줄어들면 뺄셈

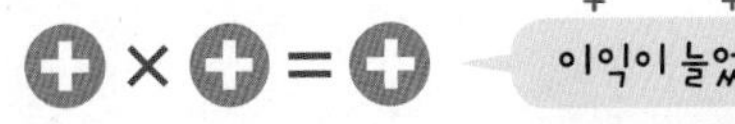

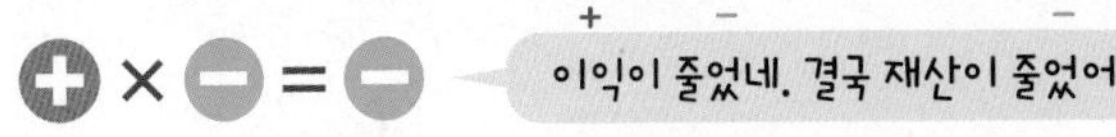


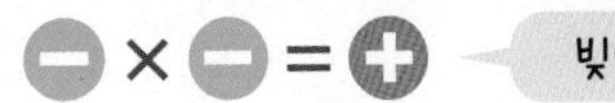

ACT 28

# 정수의 곱셈

스피드 정답 : 06쪽
친절한 풀이 : 30쪽

**부호가 같은 두 정수의 곱셈**

두 정수의 절댓값의 곱에 양의 부호 +를 붙인다.

$(+3)\times(+2)=+(3\times2)=+6$

$(-3)\times(-2)=+(3\times2)=+6$

같은 부호끼리 곱하면 

**부호가 다른 두 정수의 곱셈**

두 정수의 절댓값의 곱에 음의 부호 −를 붙인다.

$(+3)\times(-2)=-(3\times2)=-6$

$(-3)\times(+2)=-(3\times2)=-6$

다른 부호끼리 곱하면 

* 다음을 계산하시오.

**01** $(+2)\times(+5)=\bigcirc(2\times\square)=\square$

같은 부호끼리 곱하면?

**02** $(+4)\times(+8)$

**03** $(+6)\times(+3)$

**04** $(+9)\times(+7)$

**05** $(+11)\times(+8)$

**06** $(+7)\times(+14)$

**07** $(-4)\times(-6)=\bigcirc(4\times\square)=\square$

**08** $(-5)\times(-7)$

**09** $(-3)\times(-6)$

**10** $(-8)\times(-8)$

**11** $(-12)\times(-5)$

**12** $(-3)\times(-24)$

13 $(+4)\times(-5)=\bigcirc(4\times\square)=\square$

다른 부호끼리 곱하면?

14 $(+5)\times(-8)$

15 $(+6)\times(-2)$

16 $(+8)\times(-9)$

17 $(+9)\times(-4)$

18 $(+10)\times(-10)$

19 $(+12)\times(-7)$

20 $(+7)\times(-13)$

21 $(-3)\times(+4)=\bigcirc(3\times\square)=\square$

22 $(-4)\times(+8)$

23 $(-5)\times(+2)$

24 $(-7)\times(+9)$

25 $(-8)\times(+3)$

26 $(-10)\times(+17)$

27 $(-35)\times(+2)$

28 $(-14)\times(+3)$

29 $(-15)\times(+15)$

시험에는 이렇게 나온대.

30 다음 중 계산 결과가 옳지 않은 것은?

① $(+7)\times(+3)=+21$
② $(-2)\times(-9)=-18$
③ $(+4)\times(-6)=-24$
④ $(-9)\times(+5)=-45$
⑤ $(+16)\times0=0$

ACT 29

# 유리수의 곱셈

스피드 정답 : 07쪽
친절한 풀이 : 31쪽

정수가 아닌 유리수의 곱셈도 정수의 곱셈과 같은 방법으로 계산한다.

**부호가 같은 두 수의 곱셈**

두 수의 절댓값의 곱에 양의 부호 +를 붙인다.

$$(+0.5)\times(+0.3)=+(0.5\times0.3)=+0.15$$

$$\left(-\frac{1}{2}\right)\times\left(-\frac{1}{3}\right)=+\left(\frac{1}{2}\times\frac{1}{3}\right)=+\frac{1}{6}$$

같은 부호끼리 곱하면 ⊕

**부호가 다른 두 수의 곱셈**

두 수의 절댓값의 곱에 음의 부호 −를 붙인다.

$$(+0.5)\times(-0.3)=-(0.5\times0.3)=-0.15$$

$$\left(-\frac{1}{2}\right)\times\left(+\frac{1}{3}\right)=-\left(\frac{1}{2}\times\frac{1}{3}\right)=-\frac{1}{6}$$

다른 부호끼리 곱하면 ⊖

＊ 다음을 계산하시오.

01 $(+0.4)\times(+0.2)$

소수점의 위치를 잘 확인하자.

02 $(+0.8)\times(+5)$

03 $(+1.3)\times(+0.3)$

04 $(-0.6)\times(-0.5)$

05 $(-1.7)\times(-0.2)$

06 $(-2.5)\times(-4)$

07 $(+0.7)\times(-0.9)$

08 $(+1.2)\times(-0.4)$

09 $(+4.1)\times(-0.6)$

10 $(-0.8)\times(+12)$

11 $(-3.2)\times(+0.4)$

12 $(-5.1)\times(+0.7)$

13 $\left(+\frac{1}{2}\right)\times\left(+\frac{1}{5}\right)$

14 $\left(+\frac{3}{4}\right)\times\left(+\frac{2}{5}\right)$

15 $\left(+\frac{5}{16}\right)\times\left(+\frac{8}{25}\right)$

16 $\left(-\frac{1}{5}\right)\times\left(-\frac{3}{7}\right)$

17 $\left(-\frac{5}{6}\right)\times\left(-\frac{4}{5}\right)$

18 $\left(-\frac{13}{20}\right)\times\left(-\frac{28}{39}\right)$

19 $\left(+\frac{3}{5}\right)\times\left(-\frac{7}{9}\right)$

20 $\left(+\frac{4}{9}\right)\times\left(-\frac{3}{14}\right)$

21 $\left(+\frac{7}{10}\right)\times\left(-\frac{15}{7}\right)$

22 $\left(+\frac{13}{8}\right)\times\left(-\frac{4}{3}\right)$

23 $(-18)\times\left(+\frac{7}{15}\right)$

24 $\left(-\frac{9}{2}\right)\times\left(+\frac{5}{12}\right)$

25 $\left(-\frac{6}{5}\right)\times\left(+\frac{20}{21}\right)$

26 $\left(-\frac{5}{14}\right)\times\left(+\frac{7}{10}\right)$

27 $\left(-\frac{2}{17}\right)\times\left(+\frac{51}{26}\right)$

28 $\left(-\frac{11}{12}\right)\times 0$

29 $(+9.6)\times\left(-\frac{5}{8}\right)$

**시험에는 이렇게 나온대.**

30 다음 중 계산 결과가 서로 같은 것을 찾아 기호를 쓰시오.

ㄱ $\left(-\frac{1}{5}\right)\times\left(-\frac{1}{2}\right)$

ㄴ $\left(+\frac{4}{15}\right)\times\left(-\frac{3}{8}\right)$

ㄷ $\left(-\frac{3}{4}\right)\times\left(+\frac{2}{15}\right)$

ㄹ $\left(+\frac{9}{10}\right)\times\left(+\frac{1}{3}\right)$

ACT 30

# 정수의 나눗셈

스피드 정답 : 07쪽
친절한 풀이 : 31쪽

### 부호가 같은 두 정수의 나눗셈

두 정수의 절댓값의 나눗셈의 몫에 양의 부호 +를 붙인다.

$(+6)\div(+3)=+(6\div3)=+2$

$(-6)\div(-3)=+(6\div3)=+2$

같은 부호끼리 나누면 ⊕

### 부호가 다른 두 정수의 나눗셈

두 정수의 절댓값의 나눗셈의 몫에 음의 부호 −를 붙인다.

$(+6)\div(-3)=-(6\div3)=-2$

$(-6)\div(+3)=-(6\div3)=-2$

다른 부호끼리 나누면 ⊖

* 다음을 계산하시오.

**01** $(+10)\div(+5)=\bigcirc(10\div\square)=\square$

같은 부호끼리 나누면?

**02** $(+14)\div(+2)$

**03** $(+18)\div(+3)$

**04** $(+32)\div(+4)$

**05** $(+63)\div(+9)$

**06** $(+90)\div(+15)$

**07** $(-18)\div(-6)=\bigcirc(18\div\square)=\square$

**08** $(-32)\div(-8)$

**09** $(-40)\div(-5)$

**10** $(-49)\div(-7)$

**11** $(-82)\div(-2)$

**12** $(-96)\div(-48)$

13 $(+15)\div(-5)=\bigcirc(15\div\square)=\square$

다른 부호끼리 나누면?

14 $(+21)\div(-3)$

15 $(+28)\div(-7)$

16 $(+36)\div(-9)$

17 $(+42)\div(-7)$

18 $(+48)\div(-2)$

19 $(+52)\div(-4)$

20 $(+80)\div(-16)$

21 $0\div(-10)$

0÷(어떤 수)의 몫은 항상 0이야.

22 $(-72)\div(+8)=\bigcirc(72\div\square)=\square$

23 $(-16)\div(+2)$

24 $(-36)\div(+4)$

25 $(-42)\div(+6)$

26 $(-45)\div(+5)$

27 $(-56)\div(+7)$

28 $(-64)\div(+4)$

29 $(-100)\div(+25)$

시험에는 이렇게 나온대.

**30** 다음 중 계산 결과가 나머지 넷과 다른 것은?

① $(+9)\div(-3)$
② $(+21)\div(-7)$
③ $(-12)\div(+4)$
④ $(-15)\div(+5)$
⑤ $(-27)\div(-9)$

ACT 31

# 유리수의 나눗셈

스피드 정답 : 07쪽
친절한 풀이 : 32쪽

정수가 아닌 유리수의 나눗셈도 정수의 나눗셈과 같은 방법으로 계산할 수 있다.
그러나 역수의 곱셈으로 고쳐서 계산하는 것이 더 편리하다.

### 부호가 같은 두 소수의 나눗셈

$(+1.2)\div(+0.4)=+(1.2\div0.4)=+3$

$(-1.2)\div(-0.4)=+(1.2\div0.4)=+3$

같은 부호끼리 나누면 ⊕

### 부호가 다른 두 소수의 나눗셈

$(+1.2)\div(-0.4)=-(1.2\div0.4)=-3$

$(-1.2)\div(+0.4)=-(1.2\div0.4)=-3$

다른 부호끼리 나누면 ⊖

### 역수를 이용한 유리수의 나눗셈

나눗셈을 곱셈으로 고친다.

$(-9)\div\left(-\frac{3}{5}\right)=(-9)\times\left(-\frac{5}{3}\right)$

나누는 수의 역수로 바꾼다.

$=+\left(\overset{3}{\cancel{9}}\times\frac{5}{\underset{1}{\cancel{3}}}\right)=+15$

**참고** 유리수 $\frac{a}{b}$의 역수 ➡ $\frac{b}{a}$ ($a\neq0$, $b\neq0$인 정수)

**주의** 역수를 구할 때, 부호는 바뀌지 않는다.

---

* 다음을 계산하시오.

01 $(+4.2)\div(+7)$

02 $(-5.4)\div(-0.9)$

03 $(+3.6)\div(-4)$

04 $(-2.8)\div(+0.7)$

05 $(-7.2)\div(+1.2)$

* 다음 수의 역수를 구하시오.

06 $+4$

07 $-6$

08 $+\frac{1}{10}$

09 $+\frac{7}{9}$

10 $-\frac{5}{8}$

* 다음을 계산하시오.

11 $(+3)\div\left(+\frac{9}{4}\right)=(+3)\times\left(\square\right)=\square$

12 $\left(+\frac{1}{3}\right)\div\left(+\frac{2}{5}\right)$

13 $\left(+\frac{7}{12}\right)\div\left(+\frac{5}{36}\right)$

14 $(-5)\div\left(-\frac{1}{3}\right)$

15 $\left(-\frac{8}{9}\right)\div\left(-\frac{4}{3}\right)$

16 $\left(-\frac{11}{14}\right)\div\left(-\frac{1}{28}\right)$

17 $\left(+\frac{3}{4}\right)\div\left(-\frac{7}{6}\right)$

18 $\left(+\frac{1}{8}\right)\div\left(-\frac{2}{9}\right)$

19 $\left(+\frac{4}{15}\right)\div\left(-\frac{32}{5}\right)$

20 $\left(+\frac{6}{49}\right)\div\left(-\frac{10}{21}\right)$

21 $\left(-\frac{9}{10}\right)\div\left(+\frac{15}{2}\right)$

22 $\left(-\frac{15}{16}\right)\div\left(+\frac{5}{6}\right)$

23 $\left(-\frac{3}{20}\right)\div\left(+\frac{12}{35}\right)$

24 $\left(-\frac{18}{7}\right)\div\left(+\frac{9}{4}\right)$

25 $0\div\left(+\frac{11}{13}\right)$

26 $(-0.3)\div\left(+\frac{3}{8}\right)$

분수의 나눗셈으로 고쳐서 계산해.

27 $\left(-\frac{21}{20}\right)\div(-1.4)$

시험에는 이렇게 나온대.

**28** $-\frac{1}{8}$의 역수를 $a$, $+2$의 역수를 $b$라고 할 때, $a\div b$의 값을 구하시오.

ACT+ 32

# 필수 유형 훈련

스피드 정답 : 07쪽
친절한 풀이 : 33쪽

## 유형 1 곱이 가장 큰 두 수 찾기

여러 수 중에서 곱이 가장 큰 두 수를 찾을 때

❶ 부호가 같은 수 중 절댓값의 곱이 가장 큰 경우를 찾는다.

❷ 부호가 모두 같으면 절댓값이 가장 큰 두 수를 찾는다.

Skill

부호가 같은 수가 한 쌍뿐이면 그 두 수의 곱이 가장 큰 수야.

**01** 다음 세 수 중 두 수를 뽑아 곱했을 때 곱이 가장 큰 두 수를 찾아 ○표 하시오.

(1) $+2 \quad -5 \quad +\frac{5}{6}$

(2) $-0.4 \quad -\frac{1}{3} \quad +17$

**02** 세 수 $-\frac{3}{10}$, $-\frac{5}{6}$, $+\frac{2}{7}$ 중에서 두 수를 뽑아 곱한 값 중 가장 큰 수는?

① $-\frac{1}{4}$ ② $-\frac{5}{21}$ ③ $-\frac{3}{35}$

④ $+\frac{5}{21}$ ⑤ $+\frac{1}{4}$

**03** 다음 수 중에서 두 수를 뽑아 곱한 값 중 가장 큰 수를 구하시오.

$-\frac{5}{6} \quad +\frac{11}{18} \quad -\frac{2}{9} \quad +\frac{2}{3}$

## 유형 2 곱이 가장 작은 두 수 찾기

여러 수 중에서 곱이 가장 작은 두 수를 찾을 때

❶ 부호가 다른 두 수 중 절댓값의 곱이 가장 큰 경우를 찾는다.

❷ 부호가 모두 같으면 절댓값이 가장 작은 두 수를 찾는다.

Skill

부호가 다른 수를 2개씩 짝지어서 곱의 크기를 비교해 보자.

**04** 다음 세 수 중 두 수를 뽑아 곱했을 때 곱이 가장 작은 두 수를 찾아 ○표 하시오.

(1) $-6 \quad +7 \quad +4$

(−6, +7), (−6, +4) 둘 중 곱이 더 작은 수를 찾아야겠지?

(2) $-5 \quad +\frac{3}{25} \quad -\frac{5}{6}$

**05** 세 수 $-2.5$, $-\frac{1}{6}$, $-\frac{2}{15}$ 중에서 두 수를 뽑아 곱한 값 중 가장 작은 수를 구하시오.

**06** 다음 수 중에서 두 수를 뽑아 곱한 값 중 가장 작은 수를 구하시오.

$-14 \quad -\frac{7}{26} \quad -\frac{13}{2} \quad +\frac{6}{7}$

## 유형 3 곱셈식, 나눗셈식에서 모르는 수 구하기

• ■×▲=● ➡ ■=●÷▲, ▲=●÷■

• ■÷▲=● ➡ ■=●×▲, ▲=■÷●

Skill

절댓값끼리 계산해서 □의 절댓값을 먼저 구하고, 거기에 알맞은 부호를 붙이는 게 더 쉽지!

**07** 다음 □ 안에 알맞은 수를 써넣으시오.

(1) $(+7)\times(\square)=+14$

먼저 7×□=14에서 □를 구한 후 부호를 붙이자.

(2) $(\square)\times(-5)=-15$

(3) $(-3.1)\times(\square)=+12.4$

(4) $\left(-\frac{15}{16}\right)\div\left(\square\right)=-\frac{5}{18}$

(5) $(\square)\div(+0.4)=+9$

(6) $\left(-\frac{9}{2}\right)\div\left(\square\right)=+21$

**08** 유리수 $a$에 대하여 $a\div(-0.8)=-4$일 때, $a$의 값은?

① $-0.2$ ② $+0.2$ ③ $+2$
④ $+3.2$ ⑤ $+5$

## 유형 4 잘못된 계산을 보고 바른 답 구하기

❶ 어떤 수를 □로 놓고 잘못 계산한 대로 식을 세운다.

❷ 곱셈과 나눗셈의 관계를 이용하여 □의 값을 구한다.

❸ 바르게 계산한 값을 구한다.

Skill

□의 값까지만 구하는 실수를 많이 해. 꼭 바르게 계산한 답까지 구해야 해.

**09** 어떤 수 $a$에 $+3$을 곱해야 할 것을 잘못하여 나눴더니 $-\frac{4}{9}$가 되었다. 다음을 구하시오.

(1) $a$의 값

(2) 바르게 계산한 값

**10** 어떤 수를 $-\frac{2}{5}$로 나눠야 할 것을 잘못하여 곱했더니 $+\frac{2}{3}$가 되었다. 바르게 계산한 값은?

① $-\frac{5}{3}$ ② $-\frac{2}{3}$ ③ $+\frac{4}{15}$
④ $+\frac{2}{3}$ ⑤ $+\frac{25}{6}$

**11** $+28$을 어떤 수로 나눠야 할 것을 잘못하여 곱했더니 $-16$이 되었다. 바르게 계산한 값을 구하시오.

TEST 03

# 단원 평가

01 다음 중 계산 결과가 나머지 넷과 다른 것은?

① $\frac{1}{2}+\frac{1}{8}$ ② $\frac{2}{4}+\frac{3}{4}$

③ $\frac{2}{8}+\frac{3}{8}$ ④ $\frac{7}{8}-\frac{2}{8}$

⑤ $\frac{5}{2}-\frac{15}{8}$

02 다음 ○ 안에 >, =, <를 알맞게 써넣으시오.

$$\frac{4}{5}\times\frac{5}{2} \bigcirc \frac{12}{7}\div\frac{24}{35}$$

03 다음은 수직선을 이용하여 정수의 계산을 한 것이다. 그림에 알맞은 계산식을 모두 고르면? (정답 2개)

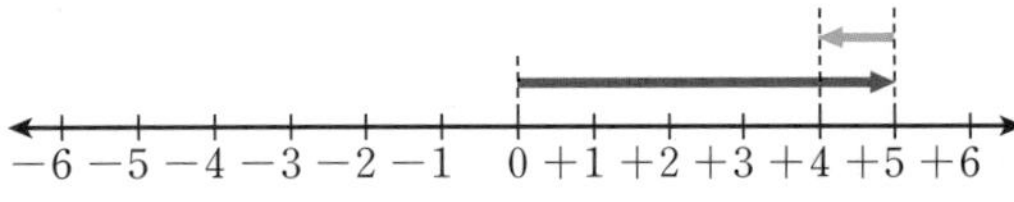


① $(+5)+(+1)=+6$
② $(+5)-(-1)=+6$
③ $(+5)+(-1)=+4$
④ $(+5)-(+4)=+1$
⑤ $(+5)-(+1)=+4$

04 다음 계산에서 ○ 안에는 알맞은 부호를, □ 안에는 알맞은 수를 써넣으시오.

$$(-6)-(-2)=(-6)\bigcirc(\bigcirc\square)$$
$$=\bigcirc\square$$

05 다음 중 계산 결과가 옳은 것은?

① $(+7)-(+5)=-2$
② $(+4)-(-2)=+2$
③ $(-5)-(+3)=-2$
④ $(-1)-(-6)=+5$
⑤ $(-3)+(+8)=-5$

＊ 다음을 계산하시오. (06 ~ 08)

06 $(+2.7)+(-6.5)$

07 $\left(-\frac{2}{3}\right)+\left(+\frac{4}{27}\right)$

08 $\left(+\frac{6}{7}\right)-\left(+\frac{2}{9}\right)$

09 $+5.8$보다 $-\frac{19}{10}$만큼 작은 수를 구하시오.

10 어떤 수에서 $+\frac{5}{6}$를 빼야 할 것을 잘못하여 더했더니 $+\frac{11}{14}$이 되었다. 바르게 계산한 값을 구하시오.

＊점수＊

스피드 정답 : 07쪽
친절한 풀이 : 34쪽

**11** 다음 중 계산 결과가 음수인 것은?

① $(+5)\times(+3)$ ② $(-7)\times(-2)$
③ $(-4)\times(-6)$ ④ $(-10)\div(+5)$
⑤ $(-12)\div(-3)$

**12** 다음 중 □ 안에 알맞은 수가 다른 것은?

① $(\square)+(+3)=+7$
② $(-2)+(\square)=-6$
③ $(\square)+(-1)=+3$
④ $(-5)\times(\square)=-20$
⑤ $(\square)\times(+9)=+36$

**13** 다음 □ 안에 알맞은 수를 써넣으시오.

$$(-36)\div\left(+\frac{4}{5}\right)=(-36)\times\left(\square\right)$$
$$=\square$$

＊ 다음을 계산하시오. (14~16)

**14** $(+0.9)\times(-0.5)$

**15** $\left(-\frac{9}{4}\right)\times\left(-\frac{10}{27}\right)$

**16** $\left(-\frac{24}{7}\right)\div\left(+\frac{18}{35}\right)$

**17** 다음 중 계산 결과가 옳지 않은 것은?

① $\left(+\frac{6}{7}\right)\times\left(-\frac{1}{2}\right)=-\frac{3}{7}$
② $\left(-\frac{8}{35}\right)\times\left(-\frac{21}{4}\right)=+\frac{6}{5}$
③ $\left(+\frac{8}{27}\right)\div(+4)=+\frac{32}{27}$
④ $\left(-\frac{5}{18}\right)\div\left(+\frac{20}{9}\right)=-\frac{1}{8}$
⑤ $\left(+\frac{10}{33}\right)\div\left(-\frac{5}{22}\right)=-\frac{4}{3}$

**18** $-\frac{7}{6}$의 역수와 $+3$의 역수의 곱은?

① $-\frac{7}{2}$ ② $-\frac{18}{7}$ ③ $-\frac{7}{3}$
④ $-\frac{7}{18}$ ⑤ $-\frac{2}{7}$

**19** 절댓값이 $\frac{8}{49}$인 양수를 $a$, 절댓값이 $\frac{6}{7}$인 음수를 $b$라고 할 때, $a\div b$의 값을 구하시오.

**20** 다음 수 중에서 두 수를 뽑아 곱한 값 중 가장 큰 수를 구하시오.

$$-6.4 \quad -\frac{7}{8} \quad +\frac{9}{4} \quad +8$$

쉬어 가기

# 스도쿠 게임

**＊ 게임 규칙**

❶ 모든 가로줄, 세로줄에 각각 1에서 9까지의 숫자를 겹치지 않게 배열한다.

❷ 가로, 세로 3칸씩 이루어진 9칸의 격자 안에도 1에서 9까지의 숫자를 겹치지 않게 배열한다.

| | | | | | | | | |
|---|---|---|---|---|---|---|---|---|
| 8 | 1 | | 3 | | | | 7 | |
| | | | | 2 | | 3 | | 4 |
| | 4 | | 8 | | 9 | | 2 | |
| 4 | 8 | | | 3 | | | 5 | 6 |
| | | 3 | 5 | | 4 | 7 | | |
| 7 | 9 | | | 1 | | | 4 | 3 |
| 9 | | | | 8 | | | | 7 |
| | 5 | | 4 | | 3 | | 9 | |
| 2 | | 8 | | | 7 | 4 | | 1 |

답

| | | | | | | | | |
|---|---|---|---|---|---|---|---|---|
| 8 | 1 | 2 | 3 | 4 | 5 | 6 | 7 | 9 |
| 5 | 7 | 9 | 1 | 2 | 6 | 3 | 8 | 4 |
| 3 | 4 | 6 | 8 | 7 | 9 | 1 | 2 | 5 |
| 4 | 8 | 1 | 7 | 3 | 2 | 9 | 5 | 6 |
| 6 | 2 | 3 | 5 | 9 | 4 | 7 | 1 | 8 |
| 7 | 9 | 5 | 6 | 1 | 8 | 2 | 4 | 3 |
| 9 | 3 | 4 | 2 | 8 | 1 | 5 | 6 | 7 |
| 1 | 5 | 7 | 4 | 6 | 3 | 8 | 9 | 2 |
| 2 | 6 | 8 | 9 | 5 | 7 | 4 | 3 | 1 |

# Chapter Ⅳ

# 정수와 유리수의 혼합 계산

**keyword**

덧셈과 곱셈의 교환법칙, 결합법칙, 분배법칙

정수와 유리수의 혼합 계산

VISUAL IDEA 8

# 정수와 유리수의 혼합 계산

## Ⅴ 연산의 3법칙 "알아두면 계산이 빨라져."

### ▶ 교환법칙 "위치를 바꾸어서 계산할 수 있어."

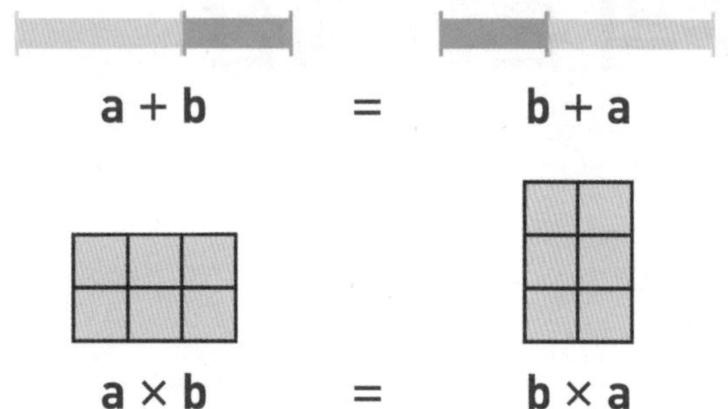


두 수의 덧셈에서
**두 수를 바꾸어 더해도** 계산 결과는 같다.

두 수의 곱셈에서
**두 수를 바꾸어 곱해도** 계산 결과는 같다.

### ▶ 결합법칙 "둘씩 묶어서 계산할 수 있어."

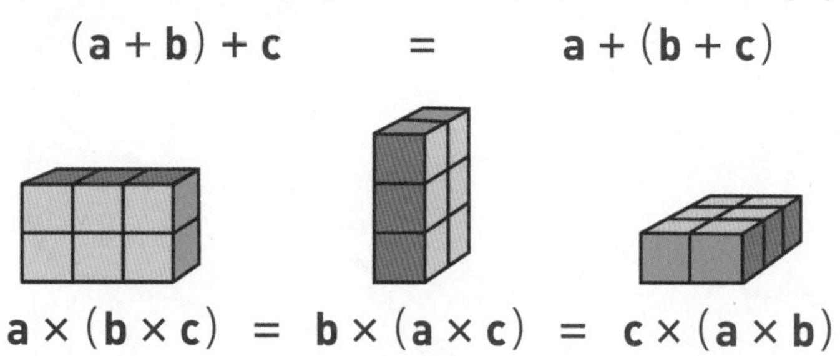


세 수의 덧셈에서
**어느 두 수를 먼저 더해도**
계산 결과는 같다.

세 수의 곱셈에서
**어느 두 수를 먼저 곱해도**
계산 결과는 같다.

### ▶ 분배법칙 "곱셈은 하나씩 나누어 주어야 해."

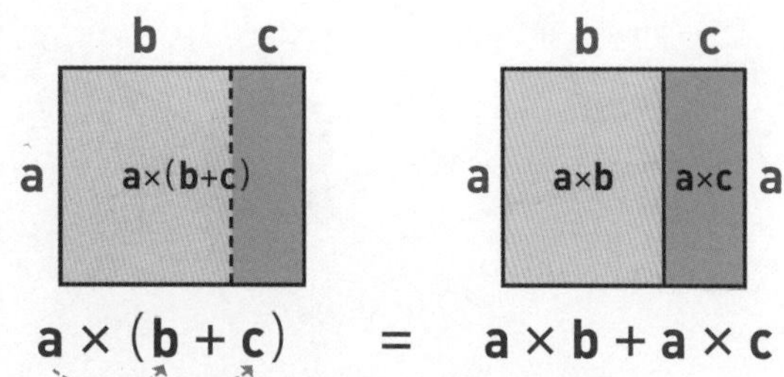


어떤 수에 두 수의 합이나 차를 곱한 것은
어떤 수를 **각 수에 곱한 후 계산**한 것과 같다.

## Ⅴ 복잡한 식의 계산 "복잡해 보이는 것뿐! 차근차근 계산해 보자."

### ▶ 덧셈과 뺄셈의 혼합 계산

기본 계산

$$5-7+3-4$$
❶ $=(+5)-(+7)+(+3)-(+4)$
❷ $=(+5)+(-7)+(+3)+(-4)$
❸ $=(+5)+(+3)+(-7)+(-4)$
$=\quad(+8)\quad+\quad(-11)$
$=-3$

❶ +와 괄호를 되살린다.
❷ 덧셈식으로 만든다.
❸ 덧셈의 교환법칙과 결합법칙을 이용하여 계산한다.

빠르게 풀기

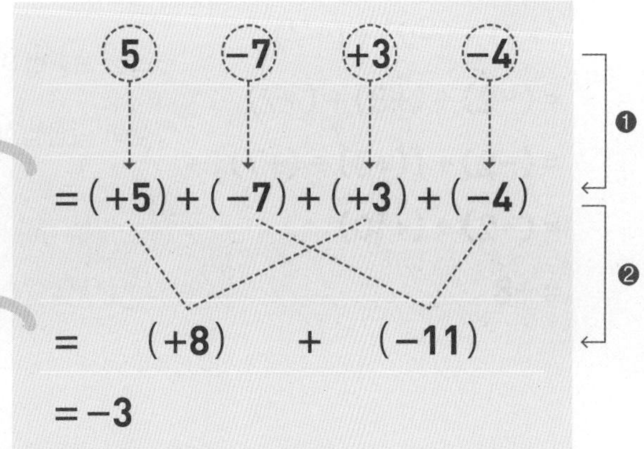


❶ 연산 기호를 수의 부호라고 생각하여 덧셈식으로 만든다.
❷ 같은 부호의 수끼리 묶어 계산한다.

### ▶ 곱셈과 나눗셈의 혼합 계산

기본 계산

$$(-2)\div\left(+\frac{6}{5}\right)\times(-9)$$
❶ $=(-2)\times\left(+\frac{5}{6}\right)\times(-9)$
❷ $=\left(+\frac{5}{6}\right)\times(-2)\times(-9)$
$=\left(+\frac{5}{6}\right)\times\quad(+18)$
$=+15$

❶ ÷(수)를 ×(역수)로 바꾼다.
❷ 곱셈의 교환법칙과 결합법칙을 이용하여 계산한다.

빠르게 풀기

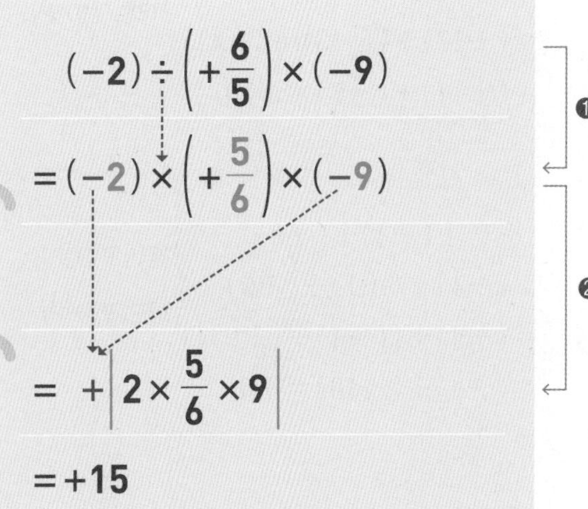


❶ ÷(수)를 ×(역수)로 바꾼다.
❷ 곱의 부호를 결정하고, 절댓값을 이용하여 계산한다.
(−가 짝수 개이면 '+', −가 음수 개이면 '−')

ACT 33

# 덧셈과 뺄셈 1 _괄호가 있을 때

스피드 정답 : 08쪽
친절한 풀이 : 35쪽

**세 수의 덧셈**

❶ 교환법칙을 이용한다.

❷ 결합법칙을 이용하여 계산한다.

$$(+3)+(-2)+(+7)$$
$$=(-2)+(+3)+(+7)$$ (덧셈의 교환법칙)
$$=(-2)+\{(+3)+(+7)\}$$ (덧셈의 결합법칙)
$$=(-2)+(+10)$$
$$=+8$$

**덧셈과 뺄셈의 혼합 계산**

❶ 뺄셈을 덧셈으로 고친다.

❷ 교환법칙과 결합법칙을 이용하여 계산한다.

$$(+4)-(+3)+(+7)$$
$$=(+4)+(-3)+(+7)$$ (뺄셈을 덧셈으로!)
$$=(+4)+(+7)+(-3)$$ (덧셈의 교환법칙)
$$=\{(+4)+(+7)\}+(-3)$$ (덧셈의 결합법칙)
$$=(+11)+(-3)=+8$$

---

＊ 다음 식의 계산 과정을 보고 알맞은 덧셈의 계산법칙에 ○표 하시오.

01 $(-3)+(+2)+(-5)$
$=(-3)+(-5)+(+2)$ (교환, 결합)법칙
$=(-8)+(+2)=-6$

02 $(+17)+(-3)+(-4)$
$=(+17)+\{(-3)+(-4)\}$ (교환, 결합)법칙
$=(+17)+(-7)=+10$

03 $(+1)+(-4)+(+9)$
$=(-4)+(+1)+(+9)$ (교환, 결합)법칙
$=(-4)+\{(+1)+(+9)\}$ (교환, 결합)법칙
$=(-4)+(+10)=+6$

04 $(+2.8)+(-17)+(-0.8)$
$=(+2.8)+(-0.8)+(-17)$ (교환, 결합)법칙
$=\{(+2.8)+(-0.8)\}+(-17)$ (교환, 결합)법칙
$=(+2)+(-17)=-15$

＊ 다음을 계산하시오.

부호가 같은 수끼리 모아서 계산하면 편해.

05 $(+8)+(-9)+(+2)$

06 $(-6)+(+3)+(-4)$

07 $(-8)-(+3)+(-1)$

08 $(+3)+(-8)-(-5)$

09 $(+7)-(+2)+(-4)$

10 $(-9)-(-8)-(-1)$

11 $(-4)-(+9)+(-3)$

12 $(+10)+(-1)-(-7)$

13 $(-13)-(-6)-(-5)$

14 $(-14)-(-5)-(+11)$

15 $(+28)-(+48)+(-34)$

16 $(+8)+(-7)-(-0.96)$

17 $(+2.7)+(-6)-(-2.3)$

18 $\left(-\frac{2}{3}\right)-\left(-\frac{4}{5}\right)+\left(-\frac{1}{5}\right)$

19 $\left(-\frac{1}{2}\right)-\left(-\frac{5}{3}\right)-\left(+\frac{5}{6}\right)$

20 $(+6.4)-\left(+\frac{3}{5}\right)-(-4)$

시험에는 이렇게 나온대.

**21** 다음 계산 과정에서 덧셈의 교환법칙이 이용된 곳은?

$$\begin{aligned}&\left(+\frac{3}{4}\right)+\left(-\frac{2}{7}\right)+\left(+\frac{1}{4}\right)\\&=\left(+\frac{3}{4}\right)+\left(+\frac{1}{4}\right)+\left(-\frac{2}{7}\right)\\&=\left\{\left(+\frac{3}{4}\right)+\left(+\frac{1}{4}\right)\right\}+\left(-\frac{2}{7}\right)\\&=(+1)+\left(-\frac{2}{7}\right)\\&=+\frac{5}{7}\end{aligned}$$

㉠ ㉡ ㉢ ㉣

ACT 34

# 덧셈과 뺄셈 2 _괄호가 없을 때

스피드 정답 : 08쪽
친절한 풀이 : 36쪽

### 식에서 생략할 수 있는 것들

- 양수는 괄호와 양의 부호 '+'를 생략할 수 있다.
- 음수는 식의 맨 앞에 나올 때 괄호를 생략할 수 있다.

$$(-8)+(+7)+(+5)-(+9)$$
$$=-8+7+5-9$$

참고 식 중간의 괄호를 없애는 방법

- $+(+■)=+■$
- $-(-■)=+■$
- $+(-■)=-■$
- $-(+■)=-■$

### 괄호와 부호를 넣어서 계산하기

❶ 부호가 생략된 수의 혼합 계산은 괄호와 + 부호를 되살린다.

❷ 덧셈의 계산 법칙을 이용하여 계산한다.

$4-7+6$
$=(+4)-(+7)+(+6)$ ← 괄호와 + 부호 되살리기
$=(+4)+(-7)+(+6)$ ← 뺄셈을 덧셈으로 고치기
$=(+4)+(+6)+(-7)$ ← 덧셈의 교환법칙
$=(+10)+(-7)$ ← 덧셈의 결합법칙
$=+3$

*** 다음 식을 계산하지 말고 간단하게 나타내시오.**

01 $(+2)-(+3)-(+4)$
$=\square-3-\square$

02 $(+6)-(+8)$

03 $\left(-\frac{1}{4}\right)+\left(+\frac{9}{2}\right)$

04 $(-7)+(+4)-(+2)$

05 $\left(+\frac{6}{5}\right)-\left(+\frac{7}{3}\right)-\left(+\frac{3}{5}\right)$

*** 다음 식에서 생략된 괄호와 양의 부호를 모두 찾아 식을 다시 쓰시오.**

06 $5-9+11$
$=(+5)-\square+\square$

07 $-10+4$

08 $\frac{2}{3}-\frac{7}{9}$

09 $-8-2.7+15$

10 $\frac{11}{2}+\frac{4}{11}-\frac{3}{8}$

＊ 다음을 계산하시오.

11 $-7+4$

12 $10-17$

13 $-8+\frac{1}{2}$

14 $4+3-8$

15 $3-6-5$

16 $-4-9-2$

17 $5-9+6$

18 $3-\frac{6}{5}+\frac{11}{15}$

19 $-\frac{3}{10}-\frac{1}{5}-\frac{7}{2}$

20 $6.3+5.1-2.28$

21 $0.5-45.7+3.5$

22 $3-0.7-\frac{11}{10}$

시험에는 이렇게 나온대.

23 다음 중 계산 결과가 나머지 넷과 다른 것은?

① $2+5-6$

② $-7+3+5$

③ $-6+12-5$

④ $-\frac{7}{4}+\frac{3}{5}+\frac{3}{20}$

⑤ $1.7-2.2+1.5$

ACT 35

# 덧셈과 뺄셈 3 _괄호가 없을 때 *빠른* 계산

스피드 정답 : 08쪽
친절한 풀이 : 37쪽

**[정수] 음수끼리, 양수끼리 묶기**

❶ 뺄셈 기호를 수의 음의 부호라고 생각하여 양수끼리, 음수끼리 모아서 계산한다.

❷ 각 계산 결과를 더한다.

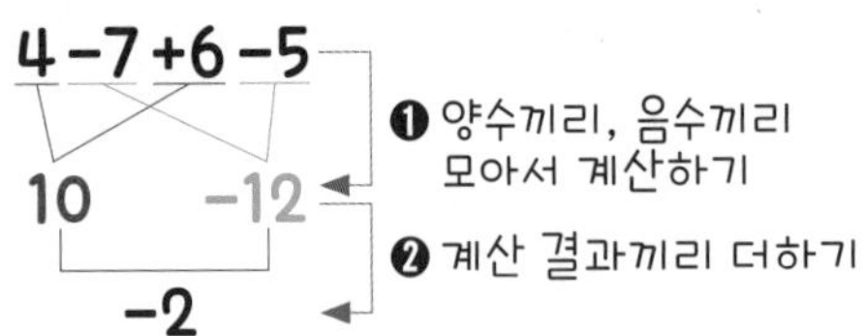


**[유리수] 계산하기 쉬운 것끼리 묶기**

❶ 뺄셈 기호를 수의 음의 부호라고 생각하여 정수끼리, 분수끼리 모아서 계산한다.

❷ 각 계산 결과를 더한다.

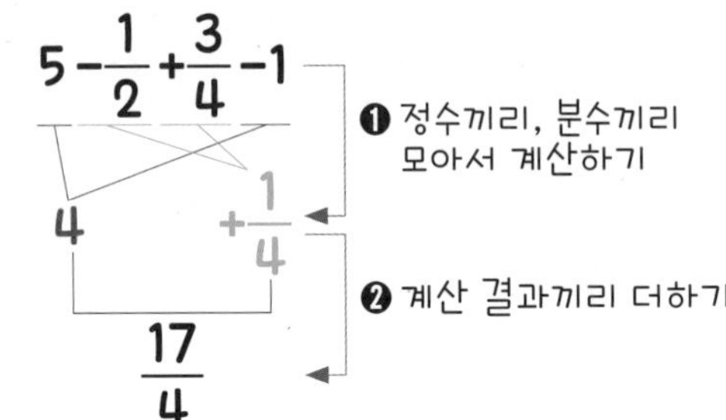

5-1/2+3/4-1
4
+1/4
17/4
❶ 정수끼리, 분수끼리 모아서 계산하기
❷ 계산 결과끼리 더하기


* 부호가 같은 수끼리 먼저 묶어서 다음을 계산하시오.

**01** $10-6+1$

**02** $-7+13-6$

**03** $-15+8+2$

**04** $8-17+3$

**05** $-9+17-14$

* 정수나 분수끼리 묶어서 다음을 계산하시오.

**06** $-\frac{1}{5}+4-\frac{11}{25}$

**07** $-\frac{7}{9}+3-11$

**08** $-\frac{5}{6}+10+\frac{1}{2}$

**09** $10-\frac{1}{6}-6$

* 다음을 계산하시오.

10 $10-9+3-5$

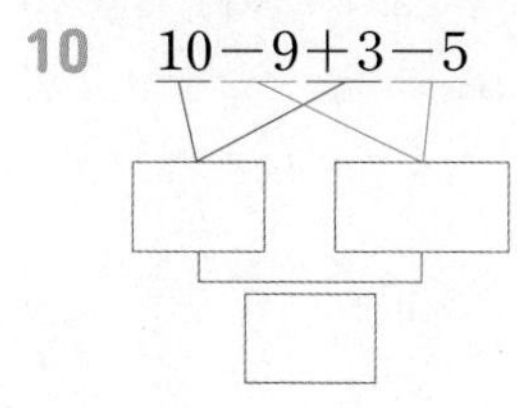

11 $6-9-5+2$

12 $4-7-6+1$

13 $8+1-10+2$

양수가 3개일 수도 있지!

14 $1-8+2+8$

크기가 같은데 부호만 다른 두 수가 있네!

15 $-3-7+5-10$

음수가 3개일 때도 있어.

16 $13-5-10+4$

17 $1-\frac{1}{3}+7-\frac{5}{9}$

18 $\frac{3}{8}-2+6-\frac{5}{4}$

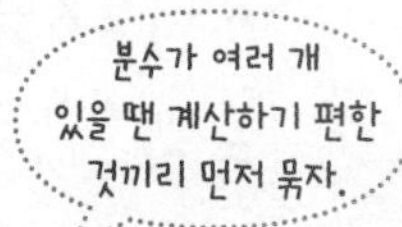

분수가 여러 개
있을 땐 계산하기 편한
것끼리 먼저 묶자.


19 $5+\frac{3}{4}-\frac{1}{2}-\frac{5}{4}$

20 $0.5+\frac{11}{3}-\frac{16}{9}-3.5$

21 $3.7-\frac{5}{2}+5.3+\frac{2}{3}$

22 $-\frac{5}{3}-5.18-0.82+\frac{1}{4}$

ACT 36

# 곱셈과 나눗셈

스피드 정답 : 08쪽
친절한 풀이 : 38쪽

### 세 수 이상의 곱셈

❶ 곱의 부호를 정한다. ➡ −가 홀수 개이면? ⊖ / −가 짝수 개이면? ⊕

❷ 절댓값의 곱에 ❶에서 결정된 부호를 붙인다.

$\left(+\frac{3}{10}\right)\times(-2)\times\left(+\frac{5}{3}\right)$

$=-\left(\frac{3}{10}\times2\times\frac{5}{3}\right)$ ← 곱의 부호 결정

$=-\left(2\times\frac{3}{10}\times\frac{5}{3}\right)$ ← 곱셈의 교환법칙

$=-\left(2\times\frac{1}{2}\right)$ ← 곱셈의 결합법칙

$=-1$

### 곱셈과 나눗셈의 혼합 계산

❶ 나눗셈을 곱셈으로 고친다.

❷ 곱의 부호를 정한다.

❸ 절댓값의 곱에 ❷에서 결정된 부호를 붙인다.

$\left(+\frac{3}{10}\right)\div(-2)\times\left(+\frac{5}{3}\right)$

$=\left(+\frac{3}{10}\right)\times\left(-\frac{1}{2}\right)\times\left(+\frac{5}{3}\right)$ ← 나눗셈을 곱셈으로!

$=-\left(\frac{3}{10}\times\frac{1}{2}\times\frac{5}{3}\right)$ ← 곱의 부호 결정

$=-\frac{1}{4}$ ← 곱셈 계산하기

---

＊ 다음 식의 계산 과정을 보고 알맞은 곱셈의 계산법칙에 ○표 하시오.

**01** $(+4)\times(-7)\times(+5)$

$=(+4)\times(+5)\times(-7)$ ← (교환, 결합)법칙

$=(+20)\times(-7)=-140$

**02** $(-9)\times\left(+\frac{3}{2}\right)\times(-4)$

$=(-9)\times\left\{\left(+\frac{3}{2}\right)\times(-4)\right\}$ ← (교환, 결합)법칙

$=(-9)\times(-6)=+54$

**03** $(-10)\times(-9)\times\left(-\frac{3}{5}\right)$

$=(-10)\times\left(-\frac{3}{5}\right)\times(-9)$ ← (교환, 결합)법칙

$=\left\{(-10)\times\left(-\frac{3}{5}\right)\right\}\times(-9)$ ← (교환, 결합)법칙

$=(+6)\times(-9)=-54$

＊ 곱의 부호를 결정하여 알맞은 것에 ○표 하시오.

**04** $(+3)\times(-3)\times(-7)$ ➡ $(+,\ -)$

**05** $(-3)\times(-2)\times(-8)$ ➡ $(+,\ -)$

**06** $(-2)\times(-9)\times(+5)\times(+1)$ ➡ $(+,\ -)$

＊ 다음을 계산하시오.

**07** $(-5)\times(+7)\times(-6)$

**08** $(-2)\times(+9)\times\left(+\frac{2}{3}\right)$

09 $6\times(-6)\div(-4)$

10 $(-72)\div(-9)\times5$

11 $\frac{1}{2}\times\left(-\frac{1}{3}\right)\div\frac{5}{6}$

12 $\left(-\frac{5}{8}\right)\times\left(-\frac{4}{9}\right)\div5$

13 $(-3)\div\left(-\frac{3}{8}\right)\times\left(-\frac{5}{12}\right)$

14 $\left(-\frac{10}{7}\right)\div\frac{15}{8}\times\frac{21}{40}$

15 $\left(-\frac{4}{9}\right)\div\frac{13}{15}\times(-5.2)$

16 $\frac{2}{9}\times\left(-\frac{10}{3}\right)\times\left(-\frac{9}{4}\right)\times\frac{3}{20}$

17 $\left(-\frac{2}{5}\right)\times\left(-\frac{3}{7}\right)\times5\div\left(-\frac{9}{14}\right)$

18 $\left(-\frac{4}{5}\right)\times(-2)\div\left(-\frac{9}{5}\right)\times\frac{3}{4}$

19 $\frac{11}{8}\times\left(-\frac{4}{15}\right)\div\frac{11}{4}\div(-6)$

시험에는 이렇게 나온대.

20 다음 계산 과정에서 곱셈의 결합법칙이 이용된 곳은?

$$\left(+\frac{3}{5}\right)\times\left(-\frac{1}{4}\right)\times\left(+\frac{5}{6}\right)$$
$$=\left(-\frac{1}{4}\right)\times\left(+\frac{3}{5}\right)\times\left(+\frac{5}{6}\right)$$ ㉠
$$=\left(-\frac{1}{4}\right)\times\left\{\left(+\frac{3}{5}\right)\times\left(+\frac{5}{6}\right)\right\}$$ ㉡
$$=\left(-\frac{1}{4}\right)\times\left(+\frac{1}{2}\right)$$ ㉢
$$=-\frac{1}{8}$$

ACT 37

# 거듭제곱의 계산

스피드 정답 : 08쪽
친절한 풀이 : 39쪽

**양수의 거듭제곱**

양수의 거듭제곱은 항상 양수( + )이다.

$(+2)^2=(+2)\times(+2)=+4$

$(+2)^3=(+2)\times(+2)\times(+2)=+8$

$(+2)^4=(+2)\times(+2)\times(+2)\times(+2)$

$=+16$

**음수의 거듭제곱**

음수의 거듭제곱은 지수에 따라 부호가 달라진다.

➡ 지수가 홀수이면? ⊖
지수가 짝수이면? ⊕

$(-2)^2=(-2)\times(-2)=+4$

$(-2)^3=(-2)\times(-2)\times(-2)=-8$

$(-2)^4=(-2)\times(-2)\times(-2)\times(-2)=+16$

**＊ 다음을 각각 계산하시오.**

−와 지수의 위치를 잘 살펴봐.

01 $(+1)^2$
$(-1)^2$
$-1^2$
$-(-1)^2$

02 $(+1)^3$
$(-1)^3$
$-1^3$
$-(-1)^3$

03 $(+1)^5$
$(-1)^5$
$-1^5$
$-(-1)^5$

04 $(+1)^{36}$
$(-1)^{36}$
$-1^{36}$
$-(-1)^{36}$

**＊ 계산 결과의 부호를 결정하여 알맞은 것에 ○표 하시오.**

지수가 홀수인지 짝수인지 살펴봐.

05 $(-1)^{100}$ ➡ (+, −)

06 $(-11)^{18}$ ➡ (+, −)

07 $(-8)^{27}$ ➡ (+, −)

08 $(-6)^{10}$ ➡ (+, −)

**＊ 다음을 계산하시오.**

09 $(-3)^3$

10 $(-5)^2$

11 $(-2)^4$

12 $(-4)^2$

13 $(-6)^2$

14 $(-5)^3$

15 $\left(-\frac{1}{2}\right)^2$

16 $\left(-\frac{7}{5}\right)^2$

17 $\left(-\frac{2}{3}\right)^3$

18 $\left(-\frac{3}{10}\right)^3$

19 $-\left(-\frac{7}{10}\right)^2$

20 $3^2\times(-2)$

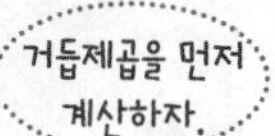


21 $-2^2\times\left(-\frac{3}{2}\right)^3$

22 $\frac{1}{9}\div\left(-\frac{1}{3}\right)^3$

23 $\left(-\frac{3}{4}\right)^2\div(-1)^7$

24 $\left(-\frac{5}{14}\right)\div\left(-\frac{4}{7}\right)^2\times(-2^4)$

시험에는 이렇게 나온대.

**＊ 다음 중 계산 결과가 다른 하나에 ○표 하시오.**

25

| $-1$ | $(-1)^2$ | $-1^2$ | $-(-1)^2$ |
|---|---|---|---|

26

| $-1$ | $(-1)^3$ | $-1^3$ | $-(-1)^3$ |
|---|---|---|---|

ACT 38

# 분배법칙

스피드 정답 : 09쪽
친절한 풀이 : 39쪽

세 수 $a$, $b$, $c$에 대하여

$a \times (b+c) = \boxed{a \times b} + \boxed{a \times c}$

$a \times (b-c) = \boxed{a \times b} - \boxed{a \times c}$

$(a+b) \times c = \boxed{a \times c} + \boxed{b \times c}$

$(a-b) \times c = \boxed{a \times c} - \boxed{b \times c}$

* 분배법칙을 이용하여 다음을 계산하시오.

01 $5 \times (10+7) = 5 \times \square + 5 \times \square$
$= \square + \square$
$= \square$

02 $11 \times (-40-5)$

03 $7 \times (-2+30)$

04 $(-36) \times \left\{\left(-\frac{1}{18}\right) + \left(+\frac{3}{4}\right)\right\}$

05 $(-14) \times \left\{\left(-\frac{4}{7}\right) - \frac{1}{2}\right\}$

06 $(100-4) \times 2 = \square \times 2 - \square \times 2$
$= \square - \square$
$= \square$

07 $(-10+6) \times 8$

08 $(9-50) \times 20$

09 $\left\{\frac{2}{3} + \left(-\frac{3}{5}\right)\right\} \times 15$

10 $\left(\frac{1}{4} - \frac{4}{5}\right) \times (-20)$

* 분배법칙을 거꾸로 이용하여 다음을 계산하시오.

11 $(-7)\times 13+(-7)\times 17$

$=(-7)\times(\square+\square)$

$=(-7)\times\square$

$=\square$

분배법칙을 거꾸로도 이용할 줄 알아야 방정식을 배울 때 편리해.

12 $3\times(+64)-3\times(+34)$

13 $(-11)\times 8+(-11)\times 92$

14 $1.5\times(-55)+1.5\times(-45)$

15 $(-6)\times 3.4+(-6)\times 6.6$

16 $\left(-\frac{2}{5}\right)\times 13+\left(-\frac{3}{5}\right)\times 13$

17 $\frac{9}{4}\times 103-\frac{9}{4}\times 23$

* 다음을 계산하시오.

18 $\left(-\frac{14}{3}\right)\times\left(-\frac{6}{7}+\frac{9}{2}\right)$

19 $\left(-\frac{8}{7}+\frac{1}{4}\right)\times 28$

20 $25\times(-5)-25\times 15$

21 $2.18\times(-103)-2.18\times(-3)$

22 $\frac{20}{7}\times 10-\frac{6}{7}\times 10$

시험에는 이렇게 나온대.

23 세 유리수 $a$, $b$, $c$에 대하여 $a\times b=3$, $a\times c=8$일 때, $a\times(b+c)$의 값을 구하시오.

ACT 39

# 혼합 계산 1 _소괄호(  )가 있거나 없을 때

스피드 정답 : 09쪽
친절한 풀이 : 40쪽

**괄호가 없을 때 계산 순서**

❶ 거듭제곱 → ❷ ×, ÷ → ❸ +, −

$8 \div 2 - 6 - 4^2$
$= 8 \div 2 - 6 - 16$
$= 4 - 6 - 16$
$= -18$

**소괄호 (  )가 있을 때 계산 순서**

❶ 거듭제곱 → ❷ 소괄호( ) → ❸ ×, ÷ → ❹ +, −

$8 \div 2 - (6 - 4^2)$
$= 8 \div 2 - (6 - 16)$
$= 8 \div 2 - (-10)$
$= 4 + 10$
$= 14$

* 다음을 계산하시오.

01 $-54 \div (-6) - 7$

02 $10 - 3 \times (-4)$

03 $8 - 12 \div (-4) \times (-8)$

04 $-3 \times 2 + 10 \div (-5) + 8$

05 $-3 + 1 + \frac{4}{5} \times \left(-\frac{1}{2}\right) \div (-4)$

06 $4 - 9 \times (-2) - (-3)^3$

07 $-3 - 7 - (-4)^2 \div 2$

08 $81 \div (-3)^4 + 10$

09 $5 + (-2)^3 \div \left(-\frac{4}{3}\right)$

10 $12 \times (-1)^{100} \div 6$

11 $(17-2)\div3-4\times6$

12 $-8+9\div(4-5)$

13 $3-4\div(8-7\times4)$

14 $18\div(-5-2^2)-3$

15 $(-1)^2\times5-16\div(2-6)$

16 $5-(-3)^2\div(1-4)\times2$

17 $7+5\times\left(-5-\frac{1}{3}\right)\div\frac{20}{9}$

18 $\left(\frac{1}{3}+\frac{1}{2}\right)\div\left(-\frac{4}{3}\right)+1$

19 $\frac{1}{6}\div\left(-\frac{1}{2}\right)^3-3\times\left(-\frac{1}{9}\right)$

20 $\left(\frac{1}{2}-\frac{5}{4}\right)^2\times8-\left(-3+\frac{3}{2}\right)$

시험에는 이렇게 나온대.

21 다음 중 계산 결과가 옳지 않은 것은?

① $-17+12\div(6-9)=-21$

② $(-1)^2\times5-16\div(2-6)=-1$

③ $(-8+10)\times\frac{3}{8}-\frac{3}{4}=0$

④ $3-4\div(9-7\times3)=\frac{10}{3}$

⑤ $(2-8)\div3-13\times(-4)=50$

# ACT 40 혼합 계산 2 _중괄호{ }나 대괄호[ ]가 있을 때

스피드 정답 : 09쪽
친절한 풀이 : 41쪽

### 중괄호{ }와 대괄호[ ]가 있는 혼합 계산의 순서

❶ 거듭제곱
❷ 소괄호 ( )
❸ 중괄호 { }
❹ 대괄호 [ ]
❺ ×, ÷
❻ +, −

$$\begin{aligned}&1-[6-4\times\{(-2)^2-(8-5)\}]\times3\\&=1-[6-4\times\{4-(8-5)\}]\times3\\&=1-[6-4\times\{4-3\}]\times3\\&=1-[6-4\times1]\times3\\&=1-2\times3\\&=1-6\\&=-5\end{aligned}$$

---

＊ 다음 식의 계산 순서를 차례대로 나열하시오.

**01** $(-8)\underset{\underset{\text{㉠}}{\uparrow}}{-}\{(-4)\underset{\underset{\text{㉡}}{\uparrow}}{-}7\underset{\underset{\text{㉢}}{\uparrow}}{+}\underset{\underset{\text{㉣}}{\uparrow}}{\underline{(-2)^3}}\}\underset{\underset{\text{㉤}}{\uparrow}}{\times}5$

㉣ → □ → □ → □ → □

**02** $30\underset{\underset{\text{㉠}}{\uparrow}}{-}\{4\underset{\underset{\text{㉡}}{\uparrow}}{+}\underset{\underset{\text{㉢}}{\uparrow}}{\underline{(-3)^2}}\underset{\underset{\text{㉣}}{\uparrow}}{\times}4\underset{\underset{\text{㉤}}{\uparrow}}{-}17\}$

______________________

**03** $(-3)\underset{\underset{\text{㉠}}{\uparrow}}{\times}\{2\underset{\underset{\text{㉡}}{\uparrow}}{+}8\underset{\underset{\text{㉢}}{\uparrow}}{\div}\underset{\underset{\text{㉣}}{\uparrow}}{\underline{(-2)^2}}\}\underset{\underset{\text{㉤}}{\uparrow}}{-}5$

______________________

**04** $[\{(\underset{\underset{\text{㉠}}{\uparrow}}{\underline{-5^2}}\underset{\underset{\text{㉡}}{\uparrow}}{-}3)\underset{\underset{\text{㉢}}{\uparrow}}{\div}(-2)\}\underset{\underset{\text{㉣}}{\uparrow}}{+}2]\underset{\underset{\text{㉤}}{\uparrow}}{\times}3$

______________________

＊ 다음을 계산하시오.

**05** $-\{5-(-2+8)\}+3$

**06** $-12+\{10\div(3-8)\}$

**07** $\{(-4+7)\times(-2)\}\div(-3)$

**08** $16\div\{3\times(-3)+(7-2)\}+8$

**09** $6-4\times\{(5-2)\times8\}\div3$

10 $[-4\times\{-3-(2+7)\div3\}]\div6$

11 $15-[3-\{2\times(-5)-(3-7)\}]\times6$

12 $30-\{4+(-2)^3\times4-11\}$

13 $-5^2\times\{20\div(2-7)\}-4$

14 $4\times(-3)^2\div\{-9+7-(-1)^5\}$

15 $3-[(-1)^3+\{(-2)^3\times3+4\}\div(-2^2)]$

16 $\frac{1}{2}-\left\{\frac{1}{5}\div0.15-\frac{1}{2}\times\left(-\frac{2}{3}\right)\right\}$

17 $2-\left\{\frac{1}{5}+2\times4\div(-2)^2-2\right\}\times10$

18 $-8\times\left[\frac{1}{4}-\left\{\frac{1}{2}\div\left(-\frac{4}{7}\right)+1\right\}\right]$

19 $\left[\frac{5}{2}+3\div\left\{3\times\left(\frac{1}{2}\right)^2\div\frac{3}{4}-7\right\}\right]\div8$

시험에는 이렇게 나온대.

20 $\frac{1}{3}-\frac{1}{2}\times\left(\frac{1}{5}\div0.2-\frac{2}{3}\times0.5^2\right)$을 계산하면?

① $-1$ ② $-\frac{1}{3}$ ③ $-\frac{1}{4}$

④ $-\frac{1}{6}$ ⑤ $-\frac{1}{12}$

ACT+ 41

# 필수 유형 훈련

스피드 정답 : 09쪽
친절한 풀이 : 43쪽

## 유형 1 -1의 거듭제곱

$-1$의 거듭제곱은 절댓값이 항상 1이다.
지수에 따라 부호만 달라진다. ➡ $(-1)^{짝수}=+1$, $(-1)^{홀수}=-1$

$$(-1)^n=\begin{cases}1 & (n\text{이 짝수}) \\ -1 & (n\text{이 홀수})\end{cases}$$

Skill

n이 홀수일 땐 1을 넣어. $(-1)^1=-1$

n이 짝수일 땐 2를 넣어. $(-1)^2=+1$

식이 복잡할 땐 - 부호와 괄호 위치를 잘 살펴보자. 지수가 어디 달렸는지 꼭 확인해.

**01** 다음을 계산하시오.

(1) $(-1)^8$

(2) $-(-1)^8$

(3) $\{-(-1)\}^8$

(4) $-1^8$

**02** 다음 중 계산 결과가 나머지 넷과 다른 것은?

① $(-1)^2$　　② $-(-1)^4$
③ $-1^5$　　④ $-\{-(-1)\}^3$
⑤ $(-1)^{11}$

**03** $-\{(-1)^{103}-(-1)^{100}\}-(-1)^{101}$을 계산하면?

① $-1$　② $0$　③ $1$
④ $2$　⑤ $3$

**04** $n$이 짝수일 때, 다음을 각각 계산하시오.

(1) $(-1)^n$
$-(-1)^n$

(2) $(-1)^{n+1}$
$-(-1)^{n+1}$

(3) $(-1)^{n+2}$
$-(-1)^{n+2}$

**05** $n$이 홀수일 때, 다음을 각각 계산하시오.

(1) $(-1)^n$
$-(-1)^n$

(2) $(-1)^{n+3}$
$-(-1)^{n+3}$

(3) $(-1)^{n+10}$
$-(-1)^{n+10}$

**06** $n$이 홀수일 때, $(-1)^n+(-1)^{n+1}-(-1)^{n+2}$을 계산하시오.

## 유형 2 문자로 주어진 유리수의 부호(1)

- $(+)+(+)=(+)$, $(-)+(-)=(-)$
- $(+)-(-)=(+)$, $(-)-(+)=(-)$
- $(+)\times(+)=(+)$, $(-)\times(-)=(+)$
- $(+)\div(+)=(+)$, $(-)\div(-)=(+)$
- $(-)\times(+)=(-)$, $(-)\div(+)=(-)$

Skill  a, b 대신, 수를 직접 넣어서 비교해 보자. 양수이면 +1, 음수이면 −1 어때?

**07** $a$는 양수, $b$는 음수일 때, 다음 ○ 안에 알맞은 부등호를 써넣으시오.

(1) $-a$ ○ $0$

(2) $b-a$ ○ $0$

(3) $a\times b$ ○ $0$

(4) $a\div b$ ○ $0$

**08** $a>0$, $b<0$일 때, 다음 중 항상 옳은 것은?

① $a+b>0$　② $a+b^2<0$
③ $-a+b<0$　④ $b\times a>0$
⑤ $\dfrac{b}{a}>0$

**09** $a<0$, $b>0$일 때, 다음 중 항상 양수인 것은?

① $a-b$　② $a^2+b^2$
③ $a\times b$　④ $b\div a$
⑤ $(-a)\times(-b)$

## 유형 3 문자로 주어진 유리수의 부호(2)

$a\times b>0$ 또는 $a\div b>0$
➡ $(a, b)$는 $(+, +)$ 또는 $(-, -)$
$a\times b<0$ 또는 $a\div b<0$
➡ $(a, b)$는 $(+, -)$ 또는 $(-, +)$

Skill  곱셈, 나눗셈의 규칙이야. 결과가 +이면 두 수는 같은 부호, 결과가 −이면 두 수는 다른 부호!

**10** $a\times b<0$, $a>b$일 때, 다음 ○ 안에 알맞은 부등호를 써넣으시오.

(양수)×(음수)=(음수)
(음수)×(양수)=(음수)

(1) $a$ ○ $0$

(2) $b$ ○ $0$

(3) $-a+b$ ○ $0$

(4) $a-b$ ○ $0$

**11** $a\div b<0$, $a<b$일 때, 다음 수의 부호를 부등호를 사용하여 나타내시오.

(1) $a$

(2) $b$

(3) $b-a$

(4) $a^2+b$

**12** $a>0$, $a+b<0$일 때, $a\times b$의 부호를 부등호를 사용하여 나타내시오.

TEST 04

# 단원 평가

**01** 다음 계산 과정에서 이용된 덧셈의 계산법칙을 바르게 연결한 것은?

$$\begin{aligned} &(-8)+(+14)+(-2) \\ &=(+14)+(-8)+(-2) && ㉠ \\ &=(+14)+\{(-8)+(-2)\} && ㉡ \\ &=(+14)+(-10)=+4 \end{aligned}$$

① ㉠ 교환법칙, ㉡ 결합법칙
② ㉠ 결합법칙, ㉡ 교환법칙
③ ㉠ 교환법칙, ㉡ 교환법칙
④ ㉠ 결합법칙, ㉡ 결합법칙
⑤ ㉠ 교환법칙, ㉡ 분배법칙

**02** 다음 계산 과정에서 처음으로 잘못된 곳을 찾아 기호를 쓰시오.

$$\begin{aligned} &(+11)-(-3)+(-6) \\ &=\{(+11)-3\}+(-6) && ㉠ \\ &=(+8)+(-6) && ㉡ \\ &=+2 && ㉢ \end{aligned}$$

**03** 생략된 양의 부호와 괄호를 써서 다음 계산을 할 때, □ 안에 알맞은 것을 쓰시오.

$$\begin{aligned} 8-5+2&=(+8)-\square+(+2) \\ &=(+8)+\square+(+2) \\ &=(+8)+(+2)+\square \\ &=(+10)+\square \\ &=\square \end{aligned}$$

* 다음을 계산하시오. (04~07)

**04** $(-9)-(-6)+(-4)$

**05** $\left(+\frac{4}{5}\right)+\left(-\frac{2}{3}\right)-\left(+\frac{1}{5}\right)$

**06** $3-8-4+7$

**07** $2.7-1.3+4.6$

**08** 다음 계산 과정에서 곱셈의 결합법칙이 이용된 곳의 기호를 쓰시오.

$$\begin{aligned} &\left(+\frac{3}{5}\right)\times\left(-\frac{1}{4}\right)\times\left(+\frac{5}{6}\right) \\ &=\left(-\frac{1}{4}\right)\times\left(+\frac{3}{5}\right)\times\left(+\frac{5}{6}\right) && ㉠ \\ &=\left(-\frac{1}{4}\right)\times\left\{\left(+\frac{3}{5}\right)\times\left(+\frac{5}{6}\right)\right\} && ㉡ \\ &=\left(-\frac{1}{4}\right)\times\left(+\frac{1}{2}\right) && ㉢ \\ &=-\frac{1}{8} \end{aligned}$$

**09** 다음 중 계산 결과가 음수인 것은?

① $(-2)\times6\times(-5)$
② $24\div(-8)\times(-3)$
③ $(-3)\times(+8)\times(-1)\times(+10)$
④ $\frac{1}{7}\times4.9\times(-2)$
⑤ $(-36)\div4\div\left(-\frac{3}{2}\right)$

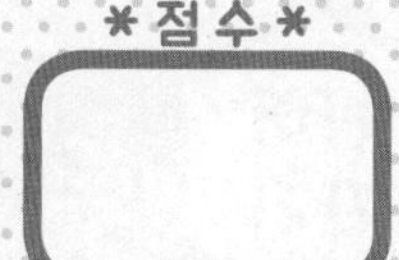


스피드 정답 : 09쪽
친절한 풀이 : 43쪽

**10** 다음 중 가장 작은 수는?

① $(-1)^2$ ② $(-1)^3$ ③ $-2^2$
④ $(-2)^2$ ⑤ $(-2)^3$

**11** 다음 중 분배법칙을 이용하여 편리하게 계산할 수 있는 식을 모두 고르면? (정답 2개)

① $(-3.5)+(-2)+(-3.5)+(+5)$
② $(-4)\times105-(-4)\times5$
③ $8\times(-8)-(-5)\div5$
④ $(-12)\times\left(-\frac{5}{11}\right)\times\left(-\frac{1}{6}\right)$
⑤ $\frac{3}{7}\times\left(-\frac{1}{2}\right)+\frac{3}{7}\times\left(-\frac{2}{3}\right)$

* 다음을 계산하시오. (12~15)

**12** $\frac{2}{3}\times\left(-\frac{9}{4}\right)\div\left(-\frac{6}{5}\right)$

**13** $(-3)^2\div\frac{27}{10}$

**14** $(-13)\times94+(-13)\times6$

**15** $(-2)^3-(-37+5)\div4$

**16** 다음 식의 계산 순서를 바르게 나열한 것은?

$$-9+\{(-3)^2\times5+3)\}\div(-8)$$

(㉠: 첫 번째 +, ㉡: $(-3)^2$, ㉢: ×, ㉣: +, ㉤: ÷)

① ㉠, ㉡, ㉢, ㉣, ㉤ ② ㉡, ㉢, ㉣, ㉠, ㉤
③ ㉡, ㉢, ㉣, ㉤, ㉠ ④ ㉣, ㉡, ㉢, ㉠, ㉤
⑤ ㉣, ㉤, ㉠, ㉡, ㉢

**17** $10+\left[-24\times\left\{\left(\frac{2}{3}-\frac{3}{4}\right)+1\right\}\right]$을 계산하면?

① $-22$ ② $-12$ ③ $10$
④ $12$ ⑤ $32$

**18** 다음 중 계산 결과가 나머지 넷과 <u>다른</u> 것은?

① $1^2$ ② $(-1)^2$ ③ $-1^2$
④ $-(-1)^3$ ⑤ $(-1)^4$

**19** $(-1)+(-1)^2+(-1)^3+\cdots+(-1)^{100}$을 계산하시오.

**20** 두 유리수 $a$, $b$에 대하여 $a<0$, $b<0$일 때, 다음 중 항상 음수인 것은?

① $a+b$ ② $a-b$ ③ $b-a$
④ $a\times b$ ⑤ $a\div b$

쉬어 가기

# 스도쿠 게임

＊ 게임 규칙

❶ 모든 가로줄, 세로줄에 각각 1에서 9까지의 숫자를 겹치지 않게 배열한다.

❷ 가로, 세로 3칸씩 이루어진 9칸의 격자 안에도 1에서 9까지의 숫자를 겹치지 않게 배열한다.

| | | | | | | | | |
|---|---|---|---|---|---|---|---|---|
|  | 1 | 5 | 3 | 2 |  | 6 |  |  |
| 3 |  | 2 |  |  | 9 | 5 |  |  |
| 6 |  |  | 8 |  |  |  | 3 | 4 |
| 8 | 2 | 1 |  |  | 3 |  |  |  |
|  |  |  |  | 7 |  |  |  |  |
|  |  |  | 5 |  |  | 3 | 9 |  |
| 2 | 3 |  |  |  | 1 |  |  | 6 |
|  |  | 6 |  |  | 8 |  |  | 2 |
|  |  | 7 |  |  |  | 8 | 5 |  |

답

| | | | | | | | | |
|---|---|---|---|---|---|---|---|---|
| 4 | 1 | 5 | 3 | 2 | 7 | 6 | 8 | 9 |
| 3 | 8 | 2 | 6 | 4 | 9 | 5 | 1 | 7 |
| 6 | 7 | 9 | 8 | 1 | 5 | 2 | 3 | 4 |
| 8 | 2 | 1 | 4 | 9 | 3 | 7 | 6 | 5 |
| 9 | 5 | 3 | 1 | 7 | 6 | 4 | 2 | 8 |
| 7 | 6 | 4 | 5 | 8 | 2 | 3 | 9 | 1 |
| 2 | 3 | 8 | 7 | 5 | 1 | 9 | 4 | 6 |
| 5 | 4 | 6 | 9 | 3 | 8 | 1 | 7 | 2 |
| 1 | 9 | 7 | 2 | 6 | 4 | 8 | 5 | 3 |

# 정답과 풀이

연산을 잡아야 수학이 쉬워진다!

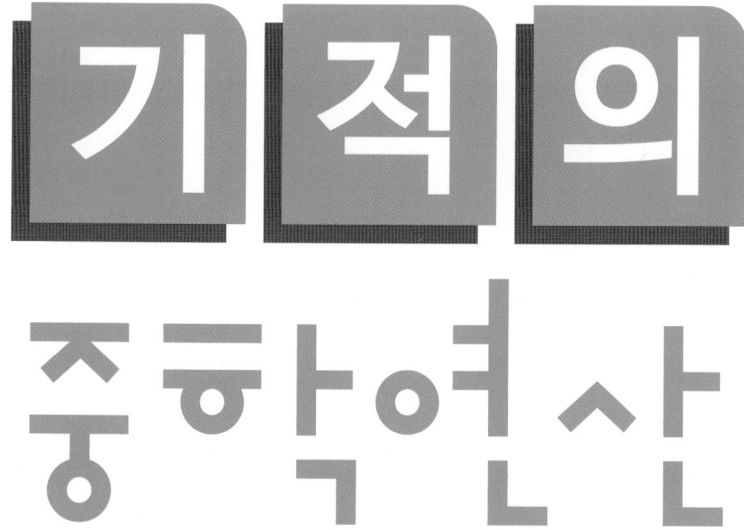


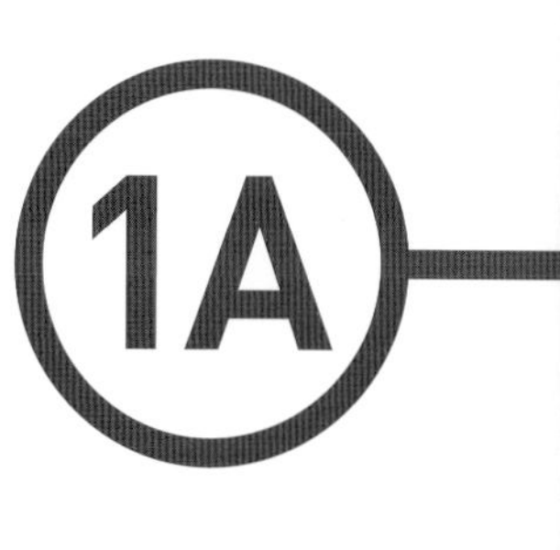


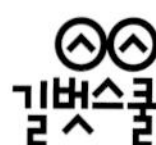

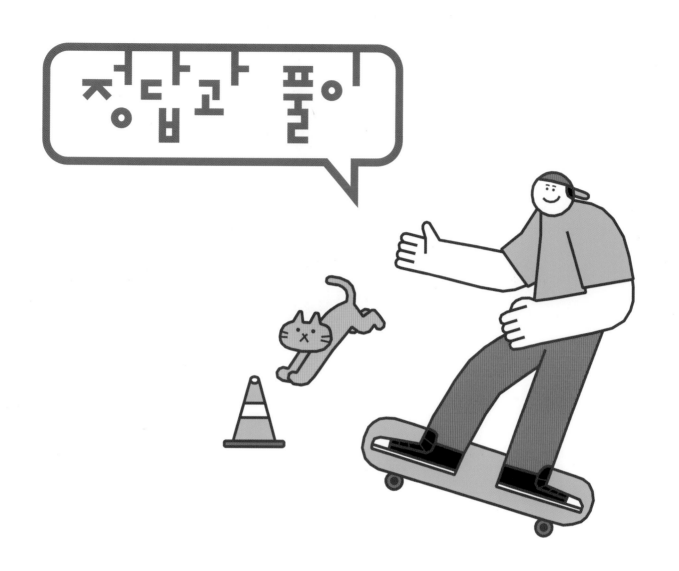

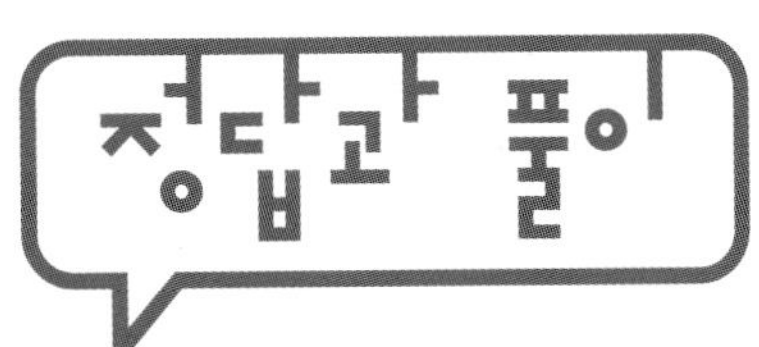


**| 스피드 정답 |** 01~09쪽

각 문제의 정답만을 모아서 빠르게 정답을 확인할 수 있습니다.

**| 친절한 풀이 |** 10~44쪽

틀리기 쉽거나 헷갈리는 문제들의 풀이 과정을 친절하고 자세하게 실었습니다.

## 스피드 정답 스피드 정답은 각 문제의 정답만을 모아 놓아 채점하기에 유용합니다.

# Chapter Ⅰ 소인수분해

### ACT 01
014~015쪽

- 01 1, 3, 소
- 02 1, 5, 소
- 03 1, 2, 3, 4, 6, 12, 합
- 04 1, 23, 소
- 05 1, 3, 9, 27, 합
- 06 2
- 07 17, 19
- 08 11
- 09 9
- 10 10, 15, 20, 25
- 11 33, 35, 39
- 12 8개, 11개
- 13 4개, 16개
- 14 5개, 15개
- 15 5개, 15개
- 16 3개, 17개
- 17 ×
- 18 ×
- 19 ×
- 20 ○
- 21 ×
- 22 ○
- 23 ×
- 24 ③, ④

### ACT 02
016~017쪽

- 01 3, 2
- 02 7, 2
- 03 8, 11
- 04 10, 4
- 05 $\frac{1}{2}$, 3
- 06 $\frac{1}{10}$, 7
- 07 $\frac{4}{7}$, 6
- 08 $\frac{3}{5}$, 8
- 09 4
- 10 $5^5$
- 11 $7^6$
- 12 2, 3
- 13 $3\times7^4$
- 14 $3^2\times5^3\times7^4$
- 15 $2^5\times5^4$
- 16 $5^2\times7^4\times11^2$
- 17 (1) 3 (2) 3
- 18 4
- 19 $\left(\frac{1}{13}\right)^5$ 또는 $\frac{1}{13^5}$
- 20 $\frac{1}{2^3\times5}$
- 21 $\left(\frac{2}{3}\right)^2$
- 22 $\left(\frac{3}{5}\right)^3$
- 23 $\left(\frac{7}{11}\right)^4$
- 24 $\left(\frac{1}{3}\right)^2\times\left(\frac{1}{7}\right)^3$
- 25 (1) 1 (2) 1 (3) 1 (4) 1
- 26 (1) 100 (2) 1000 (3) 10000 (4) 100000
- 27 (1) $\frac{8}{27}$ (2) $\frac{8}{27}$
- 28 (1) $\frac{1}{10000}$ (2) $\frac{1}{10000}$
- 29 ①, ⑤

### ACT 03
018~019쪽

- 01 1, ②, 4
- 02 1, ②, ⑤, 10
- 03 1, ②, 4, 8, 16
- 04 1, ⑤, 25
- 05 1, ②, 4, 8, 16, 32
- 06 1, ③, ⑤, 9, 15, 45
- 07 18 / 2 / 2, 3, 3 / 2, $3^2$
- 08 42 / 21 / 3, 7 / 2, 3, 7
- 09 50 / 25 / 5, 5 / 2, $5^2$
- 10 20, 10, 5, 3, 5
- 11 $3^2\times5$
- 12 $2^5\times3$
- 13 $5^2\times7$
- 14 2, 2, $2^2$
- 15 $2^2\times7$
- 16 $2\times3\times5$
- 17 $2^3\times7$
- 18 1

### ACT 04
022~023쪽

- 01 2, 3 / 9, 27
- 02 1, 7, 49, 343
- 03 1, 13, 169
- 04 1, 2, 4, 8, 16, 32
- 05 1, 3, 9, 27, 81
- 06 1, 5, 25, 125
- 07 1, 3, 11/$3\times11$
- 08 1, 2, $2^2$, 7/$2\times7$, $2^2\times7$
- 09 1, 3, $3^2$, 5, $5^2$/$3\times5$, $3^2\times5$/$3\times5^2$, $3^2\times5^2$
- 10 1, 2, 7, 14
- 11 1, 2, 3, 6, 9, 18
- 12 1, 2, 4, 5, 10, 20
- 13 1, 2, 3, 4, 6, 9, 12, 18, 36
- 14 1, 3, 7, 21
- 15 1, 3, 5, 15, 25, 75
- 16 1, 2, 3, 4, 6, 9, 12, 18, 27, 36, 54, 108
- 17 ⑤

### ACT+ 05
024~025쪽

- 01 (1) 3 (2) 14 (3) 5
- 02 (1) 7 (2) 10 (3) 5
- 03 21
- 04 2
- 05 ①, ④
- 06 (1) 8개 (2) 12개 (3) 15개 (4) 6개
- 07 (1) $2^3\times5$, 8개 (2) $2^6$, 7개 (3) $3^2\times5^2$, 9개 (4) $3^3\times11$, 8개
- 08 ⑤
- 09 ③
- 10 ③

## ACT 06 028~029쪽

01 (1) 1, 5, 25 (2) 1, 5, 7, 35 (3) 1, 5 (4) 5
02 (1) 1, 2, 3, 4, 6, 9, 12, 18, 36 (2) 1, 2, 3, 6, 9, 18, 27, 54 (3) 1, 2, 3, 6, 9, 18 (4) 18
03 (1) 1, 2, 4, 5, 8, 10, 20, 40 (2) 1, 2, 5, 10, 25, 50 (3) 1, 2, 5, 10 (4) 10
04 (1) 4, 8, 12, 16, 20, 24, ⋯ (2) 6, 12, 18, 24, 30, 36, ⋯ (3) 12, 24, ⋯ (4) 12
05 (1) 8, 16, 24, 32, 40, 48, ⋯ (2) 12, 24, 36, 48, 60, 72, ⋯ (3) 24, 48, ⋯ (4) 24
06 (1) 10, 20, 30, 40, 50, 60, ⋯ (2) 15, 30, 45, 60, 75, 90, ⋯ (3) 30, 60, ⋯ (4) 30
07 ○
08 ○
09 ×
10 ○
11 ×
12 ○
13 ×
14 ○
15 ○
16 ○
17 1, 3, 9
18 1, 2, 3, 4, 6, 12
19 1, 2, 23, 46
20 8, 16, 24
21 16, 32, 48
22 25, 50, 75
23 15, 30, 45, 60, 75, 90
24 28, 56, 84
25 30, 60, 90

## ACT 07 030~031쪽

01 3 / 3, 30
02 7 / 2 / 7, 70
03 3, 9 / 5 / 3, 6 / 3, 5, 90
04 최대공약수 : 5 최소공배수 : 150
05 최대공약수 : 6 최소공배수 : 126
06 최대공약수 : 8 최소공배수 : 168
07 6
08 9
09 16
10 21
11 28
12 45
13 20
14 36
15 48
16 72
17 84
18 240

## ACT 08 032~033쪽

01 2
02 6
03 4
04 6
05 2, $3^2$
06 $3\times5$
07 $2^2$
08 $2^3\times3$
09 $3^2$ / $2^3$ / 2
10 7
11 12
12 9
13 12
14 (1) 2 (2) 1, 2
15 (1) 4 (2) 1, 2, 4
16 (1) 6 (2) 1, 2, 3, 6
17 (1) 9 (2) 1, 3, 9
18 ④

## ACT 09 034~035쪽

01 2, 5, 60
02 72
03 315
04 630
05 $3^2$, 7
06 $2^2\times3^2\times5\times7$
07 $2^2\times3^3\times5$
08 $2\times3^2\times5\times7$
09 $3^2/3^3$, 108
10 90
11 392
12 360
13 480
14 (1) 84 (2) 84, 168
15 (1) 90 (2) 90, 180
16 (1) 48 (2) 48, 96, 144, 192
17 (1) 100 (2) 100, 200
18 ⑤

## ACT 10 036~037쪽

01 4
02 12
03 1, 3 / 1, 3 / 36
04 675
05 $3^2$ / 3 / 3 / 3
06 3
07 6
08 18
09 $2^2$ / $2^2$ / $2^3$ / $2^3$ / 120
10 180
11 240
12 216

## ACT+ 11 038~039쪽

01 15명
02 18명
03 14명
04 오전 6시 48분
05 120개
06 5 cm
07 (1) 12 cm (2) 20장
08 14 cm
09 28 cm
10 (1) 36 cm (2) 6개
11 90 cm

| ACT+ 12 040~041쪽 | | | | | | | |
|---|---|---|---|---|---|---|---|
| 01 | 1, 2, 4, 8 | 04 | 120 | 07 | 6 | 10 | 72 |
| 02 | 21 | 05 | 360 | 08 | 8 | 11 | 92 |
| 03 | 6 | 06 | 540 | 09 | 15 | 12 | 181 |

| TEST 01 042~043쪽 | | | | | | | |
|---|---|---|---|---|---|---|---|
| 01 | ⑤ | 06 | 5 | 11 | ② | 16 | ⑤ |
| 02 | ①, ④ | 07 | ⑤ | 12 | 1, 2, 4, 5, 10, 20 | 17 | 12개 |
| 03 | ④ | 08 | 14 | 13 | 2 / 40 | 18 | 60 |
| 04 | $2\times5^2$ | 09 | $2^2\times17$ / 6개 | 14 | 12 / 120 | 19 | ② |
| 05 | $2\times7^2$ | 10 | $2^2\times5^2$ / 9개 | 15 | 9 / 252 | 20 | 오전 8시 30분 |

# Chapter II 정수와 유리수

| ACT 13 048~049쪽 | | | | | |
|---|---|---|---|---|---|
| 01 | $-5\,^\circ\mathrm{C}$ | 09 | $-9$, $-2$, $-8$ | 18 | A, B: $-6$ $-5$ $-4$ $-3$ $-2$ $-1$ 0 $+1$ $+2$ $+3$ $+4$ $+5$ $+6$ |
| 02 | $+15\,\%$ | 10 | $-6$, $-3$, $-20$ | 19 | A, B: $-6$ $-5$ $-4$ $-3$ $-2$ $-1$ 0 $+1$ $+2$ $+3$ $+4$ $+5$ $+6$ |
| 03 | $+6000$원 / $-4000$원 | 11 | $-10$, $-25$, $-7$ | 20 | A, B: $-6$ $-5$ $-4$ $-3$ $-2$ $-1$ 0 $+1$ $+2$ $+3$ $+4$ $+5$ $+6$ |
| 04 | $+15$층 / $-3$층 | 12 | $-2$, $+5$ | 21 | A, B: $-6$ $-5$ $-4$ $-3$ $-2$ $-1$ 0 $+1$ $+2$ $+3$ $+4$ $+5$ $+6$ |
| 05 | $+1$ / $-1$ | 13 | 0, $+2$ | 22 | A, B: $-6$ $-5$ $-4$ $-3$ $-2$ $-1$ 0 $+1$ $+2$ $+3$ $+4$ $+5$ $+6$ |
| 06 | 3, $+6$, 10 | 14 | $-5$, $+1$ | 23 | A, B: $-6$ $-5$ $-4$ $-3$ $-2$ $-1$ 0 $+1$ $+2$ $+3$ $+4$ $+5$ $+6$ |
| 07 | 22, 2, $+8$ | 15 | $-1$, $+4$ | | |
| 08 | 30, $+1$, $+14$ | 16 | $-6$, $-3$ | | |
| | | 17 | $-4$, $+6$ | | |

| ACT 14 050~051쪽 | | | | | |
|---|---|---|---|---|---|
| 01 | $+3$, 9 | 09 | ○ | 18 | $-\frac{10}{3}$, $+\frac{3}{2}$ |
| 02 | $-4$, $-\frac{4}{2}$ | 10 | × | 19 | A, B: $-4$ $-3$ $-2$ $-1$ 0 $+1$ $+2$ $+3$ $+4$ |
| | | 11 | × | | |
| 03 | $-4$, 0, $+3$, $-\frac{4}{2}$, 9 | 12 | ○ | 20 | A, B: $-4$ $-3$ $-2$ $-1$ 0 $+1$ $+2$ $+3$ $+4$ |
| 04 | $\frac{1}{3}$, $+3$, 9 | 13 | $-\frac{3}{2}$, $+\frac{1}{2}$ | 21 | A, B: $-4$ $-3$ $-2$ $-1$ 0 $+1$ $+2$ $+3$ $+4$ |
| 05 | $-4$, $-1.7$, $-\frac{4}{2}$ | 14 | $-\frac{1}{3}$, $+\frac{7}{2}$ | 22 | A, B: $-4$ $-3$ $-2$ $-1$ 0 $+1$ $+2$ $+3$ $+4$ |
| 06 | $\frac{1}{3}$, $-1.7$ | 15 | $-4$, $+\frac{9}{4}$ | 23 | A, B: $-4$ $-3$ $-2$ $-1$ 0 $+1$ $+2$ $+3$ $+4$ |
| 07 | ○ | 16 | $-\frac{16}{5}$, $+2$ | | |
| 08 | ○ | 17 | $-\frac{1}{4}$, $+\frac{5}{2}$ | 24 | ④ |

| ACT 15 052~053쪽 | | | | | | | |
|---|---|---|---|---|---|---|---|
| 01 | 2, 2 | 08 | ○ | 15 | $\lvert+1.8\rvert=1.8$ | 21 | $-3.8$, $+3.8$ |
| 02 | 5, 5 | 09 | ○ | 16 | $\lvert-2.6\rvert=2.6$ | 22 | $-5$, $+5$ |
| 03 | 1, 1 | 10 | × | 17 | $\left\lvert+\frac{3}{4}\right\rvert=\frac{3}{4}$ | 23 | $-7$, $+7$ |
| 04 | 4, 4 | 11 | 6 | | | 24 | $-\frac{1}{2}$, $+\frac{1}{2}$ |
| 05 | × | 12 | $\lvert-7\rvert=7$ | 18 | $\left\lvert-\frac{2}{3}\right\rvert=\frac{2}{3}$ | 25 | $a=15$, $b=-2$ |
| 06 | ○ | 13 | $\lvert0\rvert=0$ | 19 | $-8$, $+8$ | | |
| 07 | × | 14 | $\lvert+19\rvert=19$ | 20 | $-10$, $+10$ | | |

## ACT 16
054~055쪽

01 $<$
02 $<$
03 $>$
04 $>$
05 $<$
06 $<$
07 $>$
08 $<$
09 $>$
10 $<$
11 $<$
12 $<$
13 $>$
14 $>$
15 $<$
16 $>$
17 $>$
18 $<$
19 $>$
20 $<$
21 $>$
22 $<$
23 $>$
24 1에 ○, $-3$에 △
25 9에 ○, $-5$에 △
26 $+4$에 ○, $-7$에 △
27 $+11$에 ○, 2.5에 △
28 $-\frac{14}{5}$에 ○, $-7$에 △
29 $-\frac{42}{7}$에 ○, $-8$에 △
30 ④

## ACT 17
056~057쪽

01 $<$
02 $x>-7$
03 $x<0$
04 $x>10$
05 $x\geq-1$
06 $x\leq-\frac{3}{4}$
07 $x\leq12$
08 $x\geq\frac{5}{8}$
09 $<$, $<$
10 $0\leq x\leq\frac{2}{3}$
11 $-3<x\leq6$
12 $2<x<5.9$
13 $-6\leq x<4$
14 $-\frac{1}{5}\leq x\leq\frac{4}{7}$
15 $\geq$
16 $\leq$
17 $-6\leq x<0$
18 $-2\leq x\leq2$
19 $\frac{1}{4}\leq x\leq0.7$
20 $-1.3<x\leq\frac{3}{10}$
21 $\frac{1}{6}\leq x\leq8.2$
22 $-\frac{1}{2}\leq x\leq\frac{9}{2}$
23 ㉡, ㉢
24 ㉠, ㉣, ㉤
25 ⑤

## ACT+ 18
058~059쪽

01 (1) 2 (2) 6 (3) 20
02 5
03 $\frac{9}{2}$
04 (수직선) $-6$ $-5$ $-4$ $-3$ $-2$ $-1$ 0 $+1$ $+2$ $+3$ $+4$ $+5$ $+6$
05 $-6$, $+6$
06 $a=-\frac{3}{2}$, $b=+\frac{3}{2}$
07 (1) $-13$ (2) $-4$ (3) $-12$
08 $+\frac{21}{2}$, $-10$, $+9$, 5, $-0.7$, 0
09 ③
10 $-2$, $-1$, 0, 1, 2
11 $-3$, $-2$, $-1$, 0, 1, 2, 3
12 ④
13 $-4$, $-3$, $-2$, $-1$, 1, 2, 3, 4

## ACT+ 19
060~061쪽

01 (1) $-14$, 0, $+5$, $+6.2$
(2) $-7$, $-4\frac{2}{3}$, 0.2, $+1$
02 (1) 9, $+\frac{20}{4}$, $-8.7$, $-13$
(2) $+3.1$, $+2$, $-1$, $-2\frac{1}{3}$
03 ⑤
04 $-4.9$
05 $+3$
06 (1) $-2$, $-1$, 0, 1, 2, 3
(2) $-5$, $-4$, $-3$, $-2$, $-1$, 0, $+1$
(3) $-1$, 0, 1, 2
07 (1) $-4$, $-3$, $-2$, $-1$, 0, 1, 2
(2) $-3$, $-2$, $-1$, 0, 1, 2, 3, 4
(3) $-5$, $-4$
08 10개
09 6개
10 ②

## TEST 02
062~063쪽

01 ⑤
02 ②
03 ④
04 ①
05 ③
06 $|-9|=9$
07 $\left|+\frac{1}{3}\right|=\frac{1}{3}$
08 $a=11$, $b=-6$
09 ④
10 ①, ③
11 $-10<a\leq10$
12 $-\frac{1}{3}\leq a\leq\frac{15}{4}$
13 8.6
14 $-5$, 5
15 ④
16 $-7$, $-3$, 0, $+\frac{3}{4}$
17 $-5$, $-\frac{1}{5}$, $+0.3$, $+4$
18 ⑤
19 ②
20 $-8$

# Chapter Ⅲ 정수와 유리수의 계산

## ACT 20
068~069쪽

| | | | |
|---|---|---|---|
| 01 1, 1, 2 | 08 $\frac{3}{11}$ | 15 $\frac{78}{35}$ | 22 $\frac{5}{56}$ |
| 02 1 | 09 $\frac{1}{2}$ | 16 $\frac{37}{30}$ | 23 $\frac{17}{36}$ |
| 03 $\frac{7}{9}$ | 10 $\frac{3}{4}$ | 17 $\frac{124}{105}$ | 24 $\frac{17}{60}$ |
| 04 2 | 11 6, $\frac{5}{6}$ | 18 $\frac{35}{12}$ | 25 $\frac{21}{10}$ |
| 05 $\frac{13}{7}$ | 12 $\frac{27}{7}$ | 19 $\frac{33}{8}$ | 26 $\frac{97}{40}$ |
| 06 $\frac{7}{3}$ | 13 3, 2 / 3, 4, $\frac{7}{6}$ | 20 $\frac{65}{18}$ | 27 $\frac{10}{3}$ |
| 07 4, 2, 2 | 14 $\frac{14}{15}$ | 21 3, 2 / 15, 10, $\frac{5}{18}$ | 28 $\frac{19}{28}$ |

## ACT 21
070~071쪽

| | | | |
|---|---|---|---|
| 01 $\frac{6}{7}$ | 08 $\frac{15}{14}$ | 16 $\frac{2}{7}$ | 24 $\frac{3}{10}$ |
| 02 $\frac{5}{2}$ | 09 $\frac{11}{12}$ | 17 28 | 25 $\frac{14}{11}$ |
| 03 33 | 10 $\frac{27}{8}$ | 18 50 | 26 $\frac{16}{3}$ |
| 04 $\frac{12}{5}$ | 11 6 | 19 $\frac{3}{2}$ | 27 $\frac{15}{16}$ |
| 05 $\frac{9}{20}$ | 12 $\frac{36}{5}$ | 20 $\frac{1}{2}$ | 28 $\frac{14}{15}$ |
| 06 $\frac{15}{28}$ | 13 $\frac{65}{8}$ | 21 $\frac{5}{18}$ | 29 $\frac{7}{6}$ |
| 07 $\frac{1}{6}$ | 14 $\frac{40}{11}$ | 22 $\frac{7}{6}$ | 30 $\frac{5}{12}$ |
| | 15 2, $\frac{3}{8}$ | 23 $\frac{5}{18}$ | |

## ACT 22
074~075쪽

| | | | |
|---|---|---|---|
| 01 +6 | 08 −6 | 15 +47 | 22 −20 |
| 02 +4 | 09 +, 4, +9 | 16 +53 | 23 −29 |
| 03 +6 | 10 +10 | 17 +68 | 24 −30 |
| 04 +5 | 11 +13 | 18 +93 | 25 −84 |
| 05 −4 | 12 +11 | 19 −, 2, −6 | 26 −100 |
| 06 −6 | 13 +25 | 20 −8 | 27 ④ |
| 07 −3 | 14 +21 | 21 −11 | |

## ACT 23
076~077쪽

| | | | |
|---|---|---|---|
| 01 +2 | 08 −4 | 15 +8 | 22 −23 |
| 02 +1 | 09 +, 2, +6 | 16 +30 | 23 −25 |
| 03 +5 | 10 +4 | 17 −, 9, −5 | 24 −4 |
| 04 +4 | 11 +10 | 18 −6 | 25 −26 |
| 05 −2 | 12 +7 | 19 −13 | 26 ② |
| 06 −3 | 13 +, 1, +6 | 20 −21 | |
| 07 −6 | 14 +2 | 21 −, 4, −7 | |

## ACT 24
078~079쪽

01 $+6$
02 $+16.8$
03 $-3.1$
04 $-8.2$
05 $+1.3$
06 $+3.7$
07 $+1.1$
08 $+1.8$
09 $-1.4$
10 $-3.9$
11 $-4.7$
12 $-3.6$
13 $+2$
14 $+\frac{13}{30}$
15 $-\frac{21}{20}$
16 $-\frac{13}{18}$
17 $+\frac{1}{4}$
18 $+\frac{1}{56}$
19 $+\frac{5}{18}$
20 $+\frac{1}{36}$
21 $+\frac{19}{34}$
22 $-\frac{25}{56}$
23 $-\frac{1}{12}$
24 $-\frac{23}{24}$
25 $-\frac{13}{36}$
26 $-\frac{49}{60}$
27 $-\frac{7}{48}$
28 $+\frac{22}{5}$
29 $-\frac{22}{15}$
30 ⑤

## ACT 25
080~081쪽

01 $+5$ / $+7$
02 $-4$ / $-13$
03 $-2$ / $+5$
04 $-8$ / $-5$
05 $+1$ / $-4$
06 $+9$ / $+7$
07 $+10$
08 $+13$
09 $+40$
10 $-12$
11 $-25$
12 $-52$
13 $+6$
14 $+1$
15 $+6$
16 $+12$
17 $+11$
18 $-4$
19 $-5$
20 $-7$
21 $-10$
22 $+7$
23 $+11$
24 $+22$
25 $+28$
26 $-5$
27 $-7$
28 $-15$
29 $-31$
30 ④, ⑤

## ACT 26
082~083쪽

01 $+3$
02 $+9.2$
03 $-4.5$
04 $-11.6$
05 $+2.2$
06 $+1.4$
07 $-2.1$
08 $-3.6$
09 $+1.3$
10 $+7.4$
11 $-2.6$
12 $-7.9$
13 $+\frac{5}{8}$
14 $+\frac{31}{30}$
15 $-\frac{13}{11}$
16 $-\frac{17}{16}$
17 $+\frac{11}{6}$
18 $+\frac{3}{4}$
19 $+\frac{17}{12}$
20 $-\frac{13}{45}$
21 $-\frac{5}{14}$
22 $-\frac{1}{18}$
23 $+\frac{1}{21}$
24 $+\frac{13}{36}$
25 $+\frac{11}{26}$
26 $-\frac{5}{12}$
27 $-\frac{5}{56}$
28 $+\frac{38}{5}$
29 $-\frac{23}{10}$
30 $+\frac{37}{12}$

## ACT+ 27
084~085쪽

01 (1) $+2$ (2) $-8$ (3) $+12$ (4) $-5.7$ (5) $-\frac{43}{42}$
02 ②, ④
03 (1) $-12$ (2) $+29$ (3) $-6$ (4) $-23$
04 $-\frac{2}{9}$
05 ⑤
06 (1) $+15$ (2) $+28$
07 ③
08 $-19.4$
09 (1) $+2$, $-2$ (2) $+1$, $-1$ (3) $+3$, $+1$, $-1$, $-3$ (4) $+3$
10 $-10$
11 $+11$ / $-11$

## ACT 28
088~089쪽

01 $+$, 5, $+10$
02 $+32$
03 $+18$
04 $+63$
05 $+88$
06 $+98$
07 $+$, 6, $+24$
08 $+35$
09 $+18$
10 $+64$
11 $+60$
12 $+72$
13 $-$, 5, $-20$
14 $-40$
15 $-12$
16 $-72$
17 $-36$
18 $-100$
19 $-84$
20 $-91$
21 $-$, 4, $-12$
22 $-32$
23 $-10$
24 $-63$
25 $-24$
26 $-170$
27 $-70$
28 $-42$
29 $-225$
30 ②

## ACT 29
090~091쪽

01 $+0.08$
02 $+4$
03 $+0.39$
04 $+0.3$
05 $+0.34$
06 $+10$
07 $-0.63$
08 $-0.48$
09 $-2.46$
10 $-9.6$
11 $-1.28$
12 $-3.57$
13 $+\frac{1}{10}$
14 $+\frac{3}{10}$
15 $+\frac{1}{10}$
16 $+\frac{3}{35}$
17 $+\frac{2}{3}$
18 $+\frac{7}{15}$
19 $-\frac{7}{15}$
20 $-\frac{2}{21}$
21 $-\frac{3}{2}$
22 $-\frac{13}{6}$
23 $-\frac{42}{5}$
24 $-\frac{15}{8}$
25 $-\frac{8}{7}$
26 $-\frac{1}{4}$
27 $-\frac{3}{13}$
28 0
29 $-6$
30 ㉡, ㉢

## ACT 30
092~093쪽

01 $+$, 5, $+2$
02 $+7$
03 $+6$
04 $+8$
05 $+7$
06 $+6$
07 $+$, 6, $+3$
08 $+4$
09 $+8$
10 $+7$
11 $+41$
12 $+2$
13 $-$, 5, $-3$
14 $-7$
15 $-4$
16 $-4$
17 $-6$
18 $-24$
19 $-13$
20 $-5$
21 0
22 $-$, 8, $-9$
23 $-8$
24 $-9$
25 $-7$
26 $-9$
27 $-8$
28 $-16$
29 $-4$
30 ⑤

## ACT 31
094~095쪽

01 $+0.6$
02 $+6$
03 $-0.9$
04 $-4$
05 $-6$
06 $+\frac{1}{4}$
07 $-\frac{1}{6}$
08 $+10$
09 $+\frac{9}{7}$
10 $-\frac{8}{5}$
11 $+\frac{4}{9}$, $+\frac{4}{3}$
12 $+\frac{5}{6}$
13 $+\frac{21}{5}$
14 $+15$
15 $+\frac{2}{3}$
16 $+22$
17 $-\frac{9}{14}$
18 $-\frac{9}{16}$
19 $-\frac{1}{24}$
20 $-\frac{9}{35}$
21 $-\frac{3}{25}$
22 $-\frac{9}{8}$
23 $-\frac{7}{16}$
24 $-\frac{8}{7}$
25 0
26 $-\frac{4}{5}$
27 $+\frac{3}{4}$
28 $-16$

## ACT+ 32
096~097쪽

01 (1) $+2$, $+\frac{5}{6}$
(2) $-0.4$, $-\frac{1}{3}$
02 ⑤
03 $+\frac{11}{27}$
04 (1) $-6$, $+7$
(2) $-5$, $+\frac{3}{25}$
05 $+\frac{1}{45}$
06 $-12$
07 (1) $+2$ (2) $+3$
(3) $-4$ (4) $+\frac{27}{8}$
(5) $+3.6$ (6) $-\frac{3}{14}$
08 ④
09 (1) $-\frac{4}{3}$
(2) $-4$
10 ⑤
11 $-49$

## TEST 03
098~099쪽

01 ②
02 <
03 ③, ⑤
04 $+$, $+$, 2 / $-$, 4
05 ④
06 $-3.8$
07 $-\frac{14}{27}$
08 $+\frac{40}{63}$
09 $+\frac{77}{10}$
10 $-\frac{37}{42}$
11 ④
12 ②
13 $+\frac{5}{4}$, $-45$
14 $-0.45$
15 $+\frac{5}{6}$
16 $-\frac{20}{3}$
17 ③
18 ⑤
19 $-\frac{4}{21}$
20 $+18$

# Chapter Ⅳ 정수와 유리수의 혼합 계산

## ACT 33
104~105쪽

01 교환
02 결합
03 교환, 결합
04 교환, 결합
05 $+1$
06 $-7$
07 $-12$
08 $0$
09 $+1$
10 $0$
11 $-16$
12 $+16$
13 $-2$
14 $-20$
15 $-54$
16 $+1.96$
17 $-1$
18 $-\frac{1}{15}$
19 $+\frac{1}{3}$
20 $+\frac{49}{5}$
21 ㉠

## ACT 34
106~107쪽

01 2, 4
02 $6-8$
03 $-\frac{1}{4}+\frac{9}{2}$
04 $-7+4-2$
05 $\frac{6}{5}-\frac{7}{3}-\frac{3}{5}$
06 $(+9)$, $(+11)$
07 $(-10)+(+4)$
08 $\left(+\frac{2}{3}\right)-\left(+\frac{7}{9}\right)$
09 $(-8)-(+2.7)+(+15)$
10 $\left(+\frac{11}{2}\right)+\left(+\frac{4}{11}\right)-\left(+\frac{3}{8}\right)$
11 $-3$
12 $-7$
13 $-\frac{15}{2}$
14 $-1$
15 $-8$
16 $-15$
17 $+2$
18 $+\frac{38}{15}$
19 $-4$
20 $+9.12$
21 $-41.7$
22 $+\frac{6}{5}$
23 ④

## ACT 35
108~109쪽

01 11 / 5
02 $0$
03 $-5$
04 $-6$
05 $-6$
06 $-\frac{16}{25}$ / $\frac{84}{25}$
07 $-\frac{79}{9}$
08 $\frac{29}{3}$
09 $\frac{23}{6}$
10 13 / $-14$ / $-1$
11 $-6$
12 $-8$
13 $1$
14 $3$
15 $-15$
16 $2$
17 8 / $-\frac{8}{9}$ / $\frac{64}{9}$
18 $\frac{25}{8}$
19 $4$
20 $-\frac{10}{9}$
21 $\frac{43}{6}$
22 $-\frac{89}{12}$

## ACT 36
110~111쪽

01 교환
02 결합
03 교환, 결합
04 $+$
05 $-$
06 $+$
07 $+210$
08 $-12$
09 $9$
10 $40$
11 $-\frac{1}{5}$
12 $\frac{1}{18}$
13 $-\frac{10}{3}$
14 $-\frac{2}{5}$
15 $\frac{8}{3}$
16 $\frac{1}{4}$
17 $-\frac{4}{3}$
18 $-\frac{2}{3}$
19 $\frac{1}{45}$
20 ㉡

## ACT 37
112~113쪽

01 $+1$, $+1$, $-1$, $-1$
02 $+1$, $-1$, $-1$, $+1$
03 $+1$, $-1$, $-1$, $+1$
04 $+1$, $+1$, $-1$, $-1$
05 $+$
06 $+$
07 $-$
08 $+$
09 $-27$
10 $25$
11 $16$
12 $16$
13 $36$
14 $-125$
15 $\frac{1}{4}$
16 $\frac{49}{25}$
17 $-\frac{8}{27}$
18 $-\frac{27}{1000}$
19 $-\frac{49}{100}$
20 $-18$
21 $\frac{27}{2}$
22 $-3$
23 $-\frac{9}{16}$
24 $\frac{35}{2}$
25 $(-1)^2$
26 $-(-1)^3$

## ACT 38
114~115쪽

- 01 10, 7 / 50, 35 / 85
- 02 $-495$
- 03 196
- 04 $-25$
- 05 15
- 06 100, 4 / 200, 8 / 192
- 07 $-32$
- 08 $-820$
- 09 1
- 10 11
- 11 13, 17 / 30 / $-210$
- 12 90
- 13 $-1100$
- 14 $-150$
- 15 $-60$
- 16 $-13$
- 17 180
- 18 $-17$
- 19 $-25$
- 20 $-500$
- 21 $-218$
- 22 20
- 23 11

## ACT 39
116~117쪽

- 01 2
- 02 22
- 03 $-16$
- 04 0
- 05 $-\frac{19}{10}$
- 06 49
- 07 $-18$
- 08 11
- 09 11
- 10 2
- 11 $-19$
- 12 $-17$
- 13 $\frac{16}{5}$
- 14 $-5$
- 15 9
- 16 11
- 17 $-5$
- 18 $\frac{3}{8}$
- 19 $-1$
- 20 6
- 21 ②

## ACT 40
118~119쪽

- 01 ㉡, ㉢, ㉤, ㉠
- 02 ㉢, ㉣, ㉡, ㉤, ㉠
- 03 ㉣, ㉢, ㉡, ㉠, ㉤
- 04 ㉠, ㉡, ㉢, ㉣, ㉤
- 05 4
- 06 $-14$
- 07 2
- 08 4
- 09 $-26$
- 10 4
- 11 $-39$
- 12 69
- 13 96
- 14 $-36$
- 15 $-1$
- 16 $-\frac{7}{6}$
- 17 0
- 18 $-1$
- 19 $\frac{1}{4}$
- 20 ⑤

## ACT+ 41
120~121쪽

- 01 (1) 1 (2) $-1$ (3) 1 (4) $-1$
- 02 ①
- 03 ⑤
- 04 (1) 1 / $-1$ (2) $-1$ / 1 (3) 1 / $-1$
- 05 (1) $-1$ / 1 (2) 1 / $-1$ (3) $-1$ / 1
- 06 1
- 07 (1) $<$ (2) $<$ (3) $<$ (4) $<$
- 08 ③
- 09 ②
- 10 (1) $>$ (2) $<$ (3) $<$ (4) $>$
- 11 (1) $a<0$ (2) $b>0$ (3) $b-a>0$ (4) $a^2+b>0$
- 12 $a\times b<0$

## TEST 04
122~123쪽

- 01 ①
- 02 ㉠
- 03 $(+5)$ / $(-5)$ / $(-5)$ / $(-5)$ / $+5$
- 04 $-7$
- 05 $-\frac{1}{15}$
- 06 $-2$
- 07 $+6$
- 08 ㉡
- 09 ④
- 10 ⑤
- 11 ②, ⑤
- 12 $\frac{5}{4}$
- 13 $\frac{10}{3}$
- 14 $-1300$
- 15 0
- 16 ③
- 17 ②
- 18 ③
- 19 0
- 20 ①

## Chapter Ⅰ 소인수분해

### ACT 01 014~015쪽

06 2의 약수 : 1, 2 → 소수
4의 약수 : 1, 2, 4 → 합성수
6의 약수 : 1, 2, 3, 6 → 합성수
8의 약수 : 1, 2, 4, 8 → 합성수
10의 약수 : 1, 2, 5, 10 → 합성수

07 15의 약수 : 1, 3, 5, 15 → 합성수
16의 약수 : 1, 2, 4, 8, 16 → 합성수
17의 약수 : 1, 17 → 소수
19의 약수 : 1, 19 → 소수
21의 약수 : 1, 3, 7, 21 → 합성수

08 1은 소수도 합성수도 아니다.
11의 약수 : 1, 11 → 소수
22의 약수 : 1, 2, 11, 22 → 합성수
66의 약수 : 1, 2, 3, 6, 11, 22, 33, 66 → 합성수
77의 약수 : 1, 7, 11, 77 → 합성수

09 3, 5, 7, 11의 약수는 1과 자기 자신뿐이므로 모두 소수이다.
9의 약수 : 1, 3, 9 → 합성수

10 5는 소수이고 5의 배수는 모두 5를 약수로 가지므로 10, 15, 20, 25는 합성수이다.

11 31의 약수 : 1, 31 → 소수
33의 약수 : 1, 3, 11, 33 → 합성수
35의 약수 : 1, 5, 7, 35 → 합성수
37의 약수 : 1, 37 → 소수
39의 약수 : 1, 3, 13, 39 → 합성수

12 소수에 ○표 하면 다음과 같다.

| 1 | (2) | (3) | 4 | (5) | 6 | (7) | 8 | 9 | 10 |
|---|---|---|---|---|---|---|---|---|---|
| (11) | 12 | (13) | 14 | 15 | 16 | (17) | 18 | (19) | 20 |

소수는 모두 8개이다.
1은 소수도 합성수도 아니므로 1과 소수를 제외한 합성수는 $20-1-8=11$(개)

13 소수에 ○표 하면 다음과 같다.

| 21 | 22 | (23) | 24 | 25 | 26 | 27 | 28 | (29) | 30 |
|---|---|---|---|---|---|---|---|---|---|
| (31) | 32 | 33 | 34 | 35 | 36 | (37) | 38 | 39 | 40 |

소수는 모두 4개이고, 나머지는 모두 합성수이므로 합성수는 $20-4=16$(개)

14 소수에 ○표 하면 다음과 같다.

| (41) | 42 | (43) | 44 | 45 | 46 | (47) | 48 | 49 | 50 |
|---|---|---|---|---|---|---|---|---|---|
| 51 | 52 | (53) | 54 | 55 | 56 | 57 | 58 | (59) | 60 |

소수는 모두 5개이고, 나머지는 모두 합성수이므로 합성수는 $20-5=15$(개)

15 소수에 ○표 하면 다음과 같다.

| (61) | 62 | 63 | 64 | 65 | 66 | (67) | 68 | 69 | 70 |
|---|---|---|---|---|---|---|---|---|---|
| (71) | 72 | (73) | 74 | 75 | 76 | 77 | 78 | (79) | 80 |

소수는 모두 5개이고, 나머지는 모두 합성수이므로 합성수는 $20-5=15$(개)

16 소수에 ○표 하면 다음과 같다.

| 81 | 82 | (83) | 84 | 85 | 86 | 87 | 88 | (89) | 90 |
|---|---|---|---|---|---|---|---|---|---|
| 91 | 92 | 93 | 94 | 95 | 96 | (97) | 98 | 99 | 100 |

소수는 모두 3개이고, 나머지는 모두 합성수이므로 합성수는 $20-3=17$(개)

17 가장 작은 소수는 2이다.

18 2는 소수이지만 짝수이다.

19 2는 짝수이지만 소수이다.

20 모든 소수는 1과 자기 자신만을 약수로 가진다. 따라서 모든 소수의 약수의 개수는 2개이다.

21 모든 합성수의 약수의 개수는 3개 이상이다.

22 10 이하의 소수는 2, 3, 5, 7의 4개이다.

23 1은 소수도 합성수도 아니다.

24 ① 1은 소수도 합성수도 아니다.
② 2의 배수 중 2는 소수이다.
③ 1은 소수도 합성수도 아니고, 2와 3은 소수이므로 가장 작은 합성수는 4이다.
④ 소수 중 2는 홀수가 아니다.
⑤ 자연수는 1과 소수, 합성수로 이루어져 있다.
따라서 옳은 것은 ③, ④이다.

### ACT 02 016~017쪽

09 $\underbrace{3\times3\times3\times3}_{4번}=3^4$

12 $\underbrace{2\times2}_{2번}\times\underbrace{5\times5\times5}_{3번}=2^2\times5^3$

14 $\underbrace{3\times3}_{2번}\times\underbrace{5\times5\times5}_{3번}\times\underbrace{7\times7\times7\times7}_{4번}=3^2\times5^3\times7^4$

15 $5\times5\times2\times2\times5\times5\times2\times2\times2$
$=\underbrace{2\times2\times2\times2\times2}_{5번}\times\underbrace{5\times5\times5\times5}_{4번}$
$=2^5\times5^4$

16 $7\times7\times5\times7\times11\times11\times5\times7$
$=\underbrace{5\times5}_{2번}\times\underbrace{7\times7\times7\times7}_{4번}\times\underbrace{11\times11}_{2번}$
$=5^2\times7^4\times11^2$

17 (1) $\underbrace{\frac{1}{2}\times\frac{1}{2}\times\frac{1}{2}}_{3번}=\left(\frac{1}{2}\right)^3$

(2) 분수의 곱셈은 분자는 분자끼리, 분모는 분모끼리 곱하여 계산할 수 있다.

$$\frac{1}{2}\times\frac{1}{2}\times\frac{1}{2}=\frac{\overbrace{1\times1\times1}^{3번}}{\underbrace{2\times2\times2}_{3번}}=\frac{1}{2^3}$$

24 $\underbrace{\frac{1}{3}\times\frac{1}{3}}_{2번}\times\underbrace{\frac{1}{7}\times\frac{1}{7}\times\frac{1}{7}}_{3번}=\left(\frac{1}{3}\right)^2\times\left(\frac{1}{7}\right)^3$

25 1은 몇 번을 곱해도 그 값이 1이다. 즉, 1의 거듭제곱은 항상 1이다.

26 (1) $10^2=10\times10=100$
(2) $10^3=10\times10\times10=1000$
(3) $10^4=10\times10\times10\times10=10000$
(4) $10^5=10\times10\times10\times10\times10=100000$
다른 풀이 $10^5$은 1에 0을 5개 붙인 것과 같으므로 100000이다.

27 (1) $\left(\frac{2}{3}\right)^3=\frac{2}{3}\times\frac{2}{3}\times\frac{2}{3}=\frac{2\times2\times2}{3\times3\times3}=\frac{8}{27}$
(2) $\frac{2^3}{3^3}=\frac{2\times2\times2}{3\times3\times3}=\frac{8}{27}$

28 (1) $\left(\frac{1}{10}\right)^4=\frac{1}{10}\times\frac{1}{10}\times\frac{1}{10}\times\frac{1}{10}$
$=\frac{1}{10\times10\times10\times10}$
$=\frac{1}{10000}$
(2) $\frac{1}{10^4}=\frac{1}{10\times10\times10\times10}=\frac{1}{10000}$

29 ② $2^5=2\times2\times2\times2\times2$
③ $3+3+3+3=3\times4$
④ $2\times2\times3\times3\times3=2^2\times3^3$
따라서 옳은 것은 ①, ⑤이다.

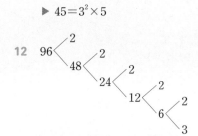

## ACT 03 018~019쪽

11 45 → 3, 15; 15 → 3, 5
▶ $45=3^2\times5$

12 96 → 2, 48; 48 → 2, 24; 24 → 2, 12; 12 → 2, 6; 6 → 2, 3
▶ $96=2^5\times3$

13 175 → 5, 35; 35 → 5, 7
▶ $175=5^2\times7$

15
```
2) 28
2) 14
     7
```
▶ $28=2^2\times7$

16
```
2) 30
3) 15
     5
```
▶ $30=2\times3\times5$

17
```
2) 56
2) 28
2) 14
     7
```
▶ $56=2^3\times7$

18
```
2) 72
2) 36
2) 18
3)  9
    3
```
▶ $72=2^3\times3^2$
따라서 $a=3$, $b=2$이므로 $a-b=1$

## ACT 04 022~023쪽

02 $7^3$의 약수 : 1, 7, $7^2$, $7^3$
➡ 1, 7, 49, 343

03 $13^2$의 약수 : 1, 13, $13^2$
➡ 1, 13, 169

04 $32=2^5$
$2^5$의 약수 : 1, 2, $2^2$, $2^3$, $2^4$, $2^5$
➡ 1, 2, 4, 8, 16, 32

05 $81=3^4$
$3^4$의 약수 : 1, 3, $3^2$, $3^3$, $3^4$
➡ 1, 3, 9, 27, 81

06 $125=5^3$
$5^3$의 약수 : 1, 5, $5^2$, $5^3$ ➡ 1, 5, 25, 125

07

| × | 1 | 11 |
|---|---|---|
| 1 | 1 | 11 |
| 3 | 3 | 3×11 |

▶ 3×11의 약수 : 1, 3, 11, 3×11

08

| × | 1 | 7 |
|---|---|---|
| 1 | 1 | 7 |
| 2 | 2 | 2×7 |
| $2^2$ | $2^2$ | $2^2\times7$ |

▶ $2^2\times7$의 약수 : 1, 2, $2^2$, 7, 2×7, $2^2\times7$

09

| × | 1 | 5 | $5^2$ |
|---|---|---|---|
| 1 | 1 | 5 | $5^2$ |
| 3 | 3 | 3×5 | $3\times5^2$ |
| $3^2$ | $3^2$ | $3^2\times5$ | $3^2\times5^2$ |

▶ $3^2\times5^2$의 약수 : 1, 3, 5, $3^2$, 3×5, $5^2$, $3^2\times5$, $3\times5^2$, $3^2\times5^2$

10

| × | 1 | 7 |
|---|---|---|
| 1 | 1×1=1 | 1×7=7 |
| 2 | 2×1=2 | 2×7=14 |

▶ 14의 약수 : 1, 2, 7, 14

11

| × | 1 | 3 | $3^2$ |
|---|---|---|---|
| 1 | 1×1=1 | 1×3=3 | $1\times3^2=9$ |
| 2 | 2×1=2 | 2×3=6 | $2\times3^2=18$ |

▶ 18의 약수 : 1, 2, 3, 6, 9, 18

12

| × | 1 | 5 |
|---|---|---|
| 1 | 1×1=1 | 1×5=5 |
| 2 | 2×1=2 | 2×5=10 |
| $2^2$ | $2^2\times1=4$ | $2^2\times5=20$ |

▶ 20의 약수 : 1, 2, 4, 5, 10, 20

13

| × | 1 | 3 | $3^2$ |
|---|---|---|---|
| 1 | 1×1=1 | 1×3=3 | $1\times3^2=9$ |
| 2 | 2×1=2 | 2×3=6 | $2\times3^2=18$ |
| $2^2$ | $2^2\times1=4$ | $2^2\times3=12$ | $2^2\times3^2=36$ |

▶ 36의 약수 : 1, 2, 3, 4, 6, 9, 12, 18, 36

14 21=3×7

| × | 1 | 7 |
|---|---|---|
| 1 | 1×1=1 | 1×7=7 |
| 3 | 3×1=3 | 3×7=21 |

▶ 21의 약수 : 1, 3, 7, 21

15 $75=3\times5^2$

| × | 1 | 5 | $5^2$ |
|---|---|---|---|
| 1 | 1×1=1 | 1×5=5 | $1\times5^2=25$ |
| 3 | 3×1=3 | 3×5=15 | $3\times5^2=75$ |

▶ 75의 약수 : 1, 3, 5, 15, 25, 75

16 $108=2^2\times3^3$

| × | 1 | 3 | $3^2$ | $3^3$ |
|---|---|---|---|---|
| 1 | 1×1=1 | 1×3=3 | $1\times3^2=9$ | $1\times3^3=27$ |
| 2 | 2×1=2 | 2×3=6 | $2\times3^2=18$ | $2\times3^3=54$ |
| $2^2$ | $2^2\times1=4$ | $2^2\times3=12$ | $2^2\times3^2=36$ | $2^2\times3^3=108$ |

▶ 108의 약수 : 1, 2, 3, 4, 6, 9, 12, 18, 27, 36, 54, 108

17 $54=2\times3^3$

| × | 1 | 3 | $3^2$ | $3^3$ |
|---|---|---|---|---|
| 1 | 1 | 3 | $3^2$ | $3^3$ |
| 2 | 2 | 2×3 | $2\times3^2$ | $2\times3^3$ |

따라서 54의 약수가 아닌 것은 ⑤ $2^2\times3^3$이다.

## ACT+ 05 024~025쪽

01 (1) $12=2^2\times3$에서 3의 지수가 짝수가 되어야 하므로 곱할 수 있는 가장 작은 자연수는 3이다.

(2) $56=2^3\times7$에서 2와 7의 지수가 짝수가 되어야 하므로 곱할 수 있는 가장 작은 자연수는 $2\times7=14$이다.
(3) $245=5\times7^2$에서 5의 지수가 짝수가 되어야 하므로 곱할 수 있는 가장 작은 자연수는 5이다.

**02** (1) $63=3^2\times7$이므로 제곱인 수를 만들기 위해 나눌 수 있는 가장 작은 자연수는 7이다.
(2) $90=2\times3^2\times5$이므로 제곱인 수를 만들기 위해 나눌 수 있는 가장 작은 자연수는 $2\times5=10$이다.
(3) $500=2^2\times5^3$에서 5의 지수가 짝수가 되어야 하므로 나눌 수 있는 가장 작은 자연수는 5이다.

**03** 3과 7의 지수가 모두 짝수가 되어야 하므로
$a=3\times7=21$

**04** $32=2^5$에서 2의 지수가 짝수가 되어야 하므로 $a=2$

**05** $180=2^2\times3^2\times5$이므로 제곱인 수를 만들기 위해 나눌 수 있는 수는 5, $2^2\times5=20$, $3^2\times5=45$, $2^2\times3^2\times5=180$이다.
따라서 $a$의 값이 될 수 있는 것은 ①, ④이다.

**06** (1) $(1+1)\times(3+1)=2\times4=8$(개)
(2) $(3+1)\times(2+1)=4\times3=12$(개)
(3) $(2+1)\times(4+1)=3\times5=15$(개)
(4) $(1+1)\times(2+1)=2\times3=6$(개)

**07** (1) $40=2^3\times5$
▶ (약수의 개수)$=(3+1)\times(1+1)=4\times2=8$(개)
(2) $64=2^6$
▶ (약수의 개수)$=6+1=7$(개)
(3) $225=3^2\times5^2$
▶ (약수의 개수)$=(2+1)\times(2+1)=3\times3=9$(개)
(4) $297=3^3\times11$
▶ (약수의 개수)$=(3+1)\times(1+1)=4\times2=8$(개)

**08** $52=2^2\times13$이므로 약수의 개수는
$(2+1)\times(1+1)=3\times2=6$(개)
주어진 수의 약수의 개수는 다음과 같다.
① $(1+1)\times(1+1)=2\times2=4$(개)
② $6+1=7$(개)
③ $(3+1)\times(2+1)=4\times3=12$(개)
④ $(2+1)\times(2+1)=3\times3=9$(개)
⑤ $(2+1)\times(1+1)=3\times2=6$(개)
따라서 52와 약수의 개수가 같은 것은 ⑤이다.

**09** $7^3\times13^a$의 약수의 개수가 32개이므로
$(3+1)\times(a+1)=32$, $4\times(a+1)=32$
$a+1=8$
$\therefore a=7$

**10** ① $2\times5^3$의 약수의 개수는
$(1+1)\times(3+1)=2\times4=8$(개)
② $3\times5^3$의 약수의 개수는
$(1+1)\times(3+1)=2\times4=8$(개)
③ $4\times5^3=2^2\times5^3$의 약수의 개수는
$(2+1)\times(3+1)=3\times4=12$(개)
④ $8\times5^3=2^3\times5^3$의 약수의 개수는
$(3+1)\times(3+1)=4\times4=16$(개)
⑤ $10\times5^3=2\times5\times5^3=2\times5^4$의 약수의 개수는
$(1+1)\times(4+1)=2\times5=10$(개)
따라서 $a$의 값이 될 수 있는 것은 ③이다.

## ACT 06 028~029쪽

**09** 6과 21의 최대공약수는 3이므로 두 수는 서로소가 아니다.

**11** 13과 52의 최대공약수는 13이므로 두 수는 서로소가 아니다.

**12** 소수는 1과 자기 자신만을 약수로 가지므로 서로 다른 두 소수의 최대공약수는 1이다. 따라서 서로 다른 두 소수는 항상 서로소이다.

**13** 3과 15는 모두 홀수이지만 최대공약수가 3이므로 서로소가 아니다.

**14** 서로소는 최대공약수가 1인 두 자연수이므로 서로소인 두 자연수의 공약수는 1뿐이다.

**15** 짝수는 모두 2의 배수이므로 2와 서로소인 짝수는 없다.

**17** 두 수의 공약수는 9의 약수와 같으므로 1, 3, 9이다.

**18** 두 수의 공약수는 12의 약수와 같으므로 1, 2, 3, 4, 6, 12이다.

**19** 두 수의 공약수는 46의 약수와 같으므로 1, 2, 23, 46이다.

**20** 두 수의 공배수는 8의 배수와 같으므로 8, 16, 24이다.

**21** 두 수의 공배수는 16의 배수와 같으므로 16, 32, 48이다.

**22** 두 수의 공배수는 25의 배수와 같으므로 25, 50, 75이다.

**23** 3과 5의 최소공배수는 15이므로 15의 배수 중 100 이하인 것은 15, 30, 45, 60, 75, 90이다.

**24** 4와 7의 최소공배수는 28이므로 28의 배수 중 100 이하인 것은 28, 56, 84이다.

**25** 5와 6의 최소공배수는 30이므로 30의 배수 중 100 이하인 것은 30, 60, 90이다.

## ACT 07 030~031쪽

04 5) 15 50
3 10
▶ (최대공약수)=5
(최소공배수)=5×3×10=150

05 2) 18 42
3) 9 21
3 7
▶ (최대공약수)=2×3=6
(최소공배수)=2×3×3×7=126

06 2) 24 56
2) 12 28
2) 6 14
3 7
▶ (최대공약수)=2×2×2=8
(최소공배수)=2×2×2×3×7=168

07 2) 12 30
3) 6 15
2 5
▶ (최대공약수)=2×3=6

08 3) 27 45
3) 9 15
3 5
▶ (최대공약수)=3×3=9

09 2) 32 48
2) 16 24
2) 8 12
2) 4 6
2 3
▶ (최대공약수)=2×2×2×2=16

10 3) 42 63
7) 14 21
2 3
▶ (최대공약수)=3×7=21

11 2) 56 84
2) 28 42
7) 14 21
2 3
▶ (최대공약수)=2×2×7=28

12 3) 45 135
3) 15 45
5) 5 15
1 3
▶ (최대공약수)=3×3×5=45

13 2) 4 10
2 5
▶ (최소공배수)=2×2×5=20

14 3) 9 12
3 4
▶ (최소공배수)=3×3×4=36

15 2) 12 48
2) 6 24
3) 3 12
1 4
▶ (최소공배수)=2×2×3×1×4=48

16 2) 18 24
3) 9 12
3 4
▶ (최소공배수)=2×3×3×4=72

17 2) 28 42
7) 14 21
2 3
▶ (최소공배수)=2×7×2×3=84

18 2) 48 120
2) 24 60
2) 12 30
3) 6 15
2 5
▶ (최소공배수)=2×2×2×3×2×5=240

## ACT 08 032~033쪽

02 12=2×2×3
18=2 ×3×3
▶ (최대공약수)=2 ×3 =6

03 20=2×2×5
28=2×2 ×7
▶ (최대공약수)=2×2 =4

04 36=2×2×3×3
78=2 ×3 ×13
▶ (최대공약수)=2 ×3 =6

**06**
$45=3^2\times5$
$120=2^3\times3\times5$
▶ (최대공약수)$=3\times5=15$

**07**
$56=2^3\times7$
$180=2^2\times3^2\times5$
▶ (최대공약수)$=2^2=4$

**08**
$72=2^3\times3^2$
$240=2^4\times3\times5$
▶ (최대공약수)$=2^3\times3=24$

**10**
$14=2\times7$
$21=3\times7$
▶ (최대공약수)$=7$

**11**
$24=2^3\times3$
$36=2^2\times3^2$
▶ (최대공약수)$=2^2\times3=12$

**12**
$45=3^2\times5$
$126=2\times3^2\times7$
▶ (최대공약수)$=3^2=9$

**13**
$48=2^4\times3$
$252=2^2\times3^2\times7$
▶ (최대공약수)$=2^2\times3=12$

**14** (1)
$6=2\times3$
$26=2\times13$
▶ (최대공약수)$=2$

(2) 6과 26의 공약수는 최대공약수 2의 약수이므로 1, 2이다.

**15** (1)
$28=2^2\times7$
$104=2^3\times13$
▶ (최대공약수)$=2^2=4$

(2) 28과 104의 공약수는 최대공약수 4의 약수이므로 1, 2, 4이다.

**16** (1)
$36=2^2\times3^2$
$42=2\times3\times7$
▶ (최대공약수)$=2\times3=6$

(2) 36과 42의 공약수는 최대공약수 6의 약수이므로 1, 2, 3, 6이다.

**17** (1)
$63=3^2\times7$
$90=2\times3^2\times5$
▶ (최대공약수)$=3^2=9$

(2) 63과 90의 공약수는 최대공약수 9의 약수이므로 1, 3, 9이다.

**18**
$3^4\times5^2$
$2^5\times3^2\times5$
▶ (최대공약수)$=3^2\times5$

주어진 두 수의 공약수는 최대공약수 $3^2\times5$의 약수이다. 따라서 $3^2\times5$의 약수가 아닌 것은 ④이다.

## ACT 09 034~035쪽

**02**
$8=2\times2\times2$
$36=2\times2\times3\times3$
▶ (최소공배수)$=2\times2\times2\times3\times3=72$

**03**
$21=3\times7$
$45=3\times3\times5$
▶ (최소공배수)$=3\times3\times5\times7=315$

**04**
$90=2\times3\times3\times5$
$105=3\times5\times7$
▶ (최소공배수)$=2\times3\times3\times5\times7=630$

**06**
$45=3^2\times5$
$84=2^2\times3\times7$
▶ (최소공배수)$=2^2\times3^2\times5\times7=1260$

**07**
$54=2\times3^3$
$180=2^2\times3^2\times5$
▶ (최소공배수)$=2^2\times3^3\times5=540$

**08**
$63=3^2\times7$
$90=2\times3^2\times5$
▶ (최소공배수)$=2\times3^2\times5\times7=630$

**10**
$30=2\times3\times5$
$45=3^2\times5$
▶ (최소공배수)$=2\times3^2\times5=90$

**11**
$56=2^3\times7$
$98=2\times7^2$
▶ (최소공배수)$=2^3\times7^2=392$

**12**
$72=2^3\times3^2$
$90=2\times3^2\times5$
▶ (최소공배수)$=2^3\times3^2\times5=360$

**13**
$120=2^3\times3\times5$
$160=2^5\times5$
▶ (최소공배수)$=2^5\times3\times5=480$

**14** (1)

$$\begin{array}{l} 12=2^2\times3 \\ 28=2^2\quad\times7 \\ \hline \end{array}$$

▶ (최소공배수)$=2^2\times3\times7=84$

(2) 12와 28의 공배수는 최소공배수 84의 배수이므로 200 이하의 공배수는 84, 168이다.

**15** (1)

$$\begin{array}{l} 15=\quad 3\times5 \\ 18=2\times3^2 \\ \hline \end{array}$$

▶ (최소공배수)$=2\times3^2\times5=90$

(2) 15와 18의 공배수는 최소공배수 90의 배수이므로 200 이하의 공배수는 90, 180이다.

**16** (1)

$$\begin{array}{l} 16=2^4 \\ 24=2^3\times3 \\ \hline \end{array}$$

▶ (최소공배수)$=2^4\times3=48$

(2) 16과 24의 공배수는 최소공배수 48의 배수이므로 200 이하의 공배수는 48, 96, 144, 192이다.

**17** (1)

$$\begin{array}{l} 20=2^2\times5 \\ 25=\quad 5^2 \\ \hline \end{array}$$

▶ (최소공배수)$=2^2\times5^2=100$

(2) 20과 25의 공배수는 최소공배수 100의 배수이므로 200 이하의 공배수는 100, 200이다.

**18**

$$\begin{array}{l} 2\times5^2 \\ 2^3\quad\times7^2 \\ \hline \end{array}$$

▶ (최소공배수)$=2^3\times5^2\times7^2$

주어진 두 수의 공배수는 최소공배수 $2^3\times5^2\times7^2$의 배수이다.
따라서 $2^3\times5^2\times7^2$의 배수인 것은 ⑤이다.

## ACT 10 036~037쪽

**02**

$$\begin{array}{r|rrr} 2 & 24 & 36 & 60 \\ 2 & 12 & 18 & 30 \\ 3 & 6 & 9 & 15 \\ \hline & 2 & 3 & 5 \end{array}$$

▶ (최대공약수)$=2\times2\times3=12$

**04**

$$\begin{array}{r|rrr} 3 & 15 & 27 & 75 \\ 5 & 5 & 9 & 25 \\ \hline & 1 & 9 & 5 \end{array}$$

▶ (최소공배수)$=3\times5\times1\times9\times5=675$

**06**

$$\begin{array}{l} 12=2^2\times3 \\ 45=\quad 3^2\times5 \\ 60=2^2\times3\times5 \\ \hline \end{array}$$

▶ (최대공약수)$=\quad 3$

**07**

$$\begin{array}{l} 30=2\times3\times5 \\ 42=2\times3\quad\times7 \\ 84=2^2\times3\quad\times7 \\ \hline \end{array}$$

▶ (최대공약수)$=2\times3\quad=6$

**08**

$$\begin{array}{l} 36=2^2\times3^2 \\ 72=2^3\times3^2 \\ 90=2\times3^2\times5 \\ \hline \end{array}$$

▶ (최대공약수)$=2\times3^2\quad=18$

**10**

$$\begin{array}{l} 6=2\times3 \\ 12=2^2\times3 \\ 45=\quad 3^2\times5 \\ \hline \end{array}$$

▶ (최소공배수)$=2^2\times3^2\times5=180$

**11**

$$\begin{array}{l} 8=2^3 \\ 16=2^4 \\ 30=2\times3\times5 \\ \hline \end{array}$$

▶ (최소공배수)$=2^4\times3\times5=240$

**12**

$$\begin{array}{l} 24=2^3\times3 \\ 36=2^2\times3^2 \\ 54=2\times3^3 \\ \hline \end{array}$$

▶ (최소공배수)$=2^3\times3^3=216$

**01** 가능한 한 많은 학생들에게 똑같이 나누어 주려면 학생 수는 30과 45의 최대공약수이어야 한다.

$$\begin{array}{r|rr} 3 & 30 & 45 \\ 5 & 10 & 15 \\ \hline & 2 & 3 \end{array}$$

▶ (최대공약수)$=3\times5=15$
따라서 구하는 학생 수는 15명이다.

**02** 될 수 있는 대로 많은 학생들에게 똑같이 나누어 주려면 학생 수는 36과 54의 최대공약수이어야 한다.

$$\begin{array}{r|rr} 2 & 36 & 54 \\ 3 & 18 & 27 \\ 3 & 6 & 9 \\ \hline & 2 & 3 \end{array}$$

▶ (최대공약수)$=2\times3\times3=18$
따라서 구하는 학생 수는 18명이다.

**03** 똑같은 개수로 남김없이 나누어 줄 때, 나누어 줄 수 있는 최대 학생 수는 42와 70의 최대공약수이다.

$$\begin{array}{r|rr} 2 & 42 & 70 \\ 7 & 21 & 35 \\ \hline & 3 & 5 \end{array}$$

▶ (최대공약수)$=2\times7=14$

따라서 최대 학생 수는 14명이다.

**04** 열차가 처음으로 다시 동시에 출발할 때까지 걸리는 시간은 12와 16의 최소공배수이다.

2) 12 16
2) 6 8
3 4

▶ (최소공배수)$=2\times2\times3\times4=48$

따라서 출발한 지 48분 후이므로 구하는 시각은 오전 6시 48분이다.

**05** 두 톱니바퀴가 처음으로 같은 톱니에서 맞물릴 때까지 돌아간 톱니바퀴 A의 톱니의 개수는 30과 24의 최소공배수이다.

2) 30 24
3) 15 12
5 4

▶ (최소공배수)$=2\times3\times5\times4=120$

따라서 돌아간 톱니바퀴 A의 톱니의 개수는 120개이다.

**06** 가능한 한 큰 정사각형 모양의 색종이를 빈틈없이 붙이려면 색종이의 한 변의 길이는 20과 45의 최대공약수이어야 한다.

5) 20 45
4 9

▶ (최대공약수)$=5$

따라서 색종이의 한 변의 길이는 5 cm이다.

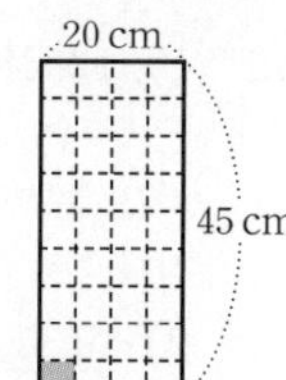


**07** (1) 가능한 한 큰 정사각형 모양의 그림을 빈틈없이 붙이려면 그림의 한 변의 길이는 48과 60의 최대공약수이어야 한다.

2) 48 60
2) 24 30
3) 12 15
4 5

▶ (최대공약수)$=2\times2\times3=12$

따라서 그림의 한 변의 길이는 12 cm이다.

(2) (가로에 필요한 그림의 수)$=48\div12=4$(장)
(세로에 필요한 그림의 수)$=60\div12=5$(장)
따라서 필요한 그림의 수는 $4\times5=20$(장)

**08** 가능한 한 큰 정육면체 모양을 만들어야 하므로 정육면체의 한 모서리의 길이는 28, 42, 56의 최대공약수이어야 한다.

2) 28 42 56
7) 14 21 28
2 3 4

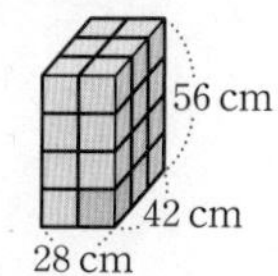


▶ (최대공약수)$=2\times7=14$

따라서 정육면체의 한 모서리의 길이는 14 cm이다.

**09** 가능한 한 작은 정사각형을 만들려면 정사각형의 한 변의 길이는 4와 7의 최소공배수이어야 한다.

▶ (최소공배수)$=4\times7=28$

따라서 만들어진 정사각형의 한 변의 길이는 28 cm이다.

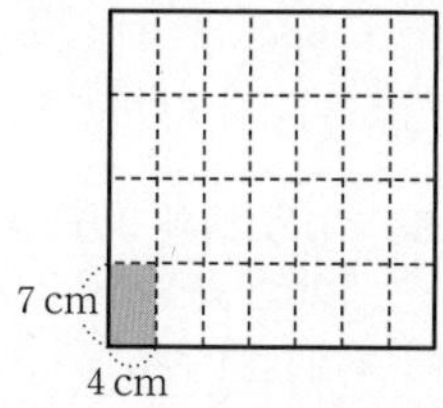


**10** (1) 가능한 한 작은 정사각형 모양으로 만들려면 정사각형의 한 변의 길이는 18과 12의 최소공배수이어야 한다.

2) 18 12
3) 9 6
3 2

▶ (최소공배수)$=2\times3\times3\times2=36$

따라서 정사각형의 한 변의 길이는 36 cm이다.

(2) (가로에 필요한 타일의 수)$=36\div18=2$(개)
(세로에 필요한 타일의 수)$=36\div12=3$(개)
따라서 필요한 타일의 수는 $2\times3=6$(개)

**11** 가장 작은 정육면체 모양을 만들려면 정육면체의 한 모서리의 길이는 6, 9, 15의 최소공배수이어야 한다.

3) 6 9 15
2 3 5

▶ (최소공배수)$=3\times2\times3\times5=90$

따라서 만들어진 정육면체의 한 모서리의 길이는 90 cm이다.

## ACT+ 12

040~041쪽

**01** $n$은 16과 24의 공약수이다.

2) 16 24
2) 8 12
2) 4 6
2 3

▶ (최대공약수)$=2\times2\times2=8$

16과 24의 공약수는 최대공약수 8의 약수이므로 $n$의 값은 1, 2, 4, 8이다.

**02** $n$은 42와 63의 공약수이고, 그중에서 가장 큰 수는 42와 63의 최대공약수이다.

3) 42 63
7) 14 21
2 3

▶ (최대공약수)$=3\times7=21$

따라서 $n$의 값 중 가장 큰 수는 21이다.

**03** $n$은 18, 30, 36의 공약수이고, 그중에서 가장 큰 수는 18, 30, 36의 최대공약수이다.

2) 18 30 36
3) 9 15 18
3 5 6

▶ (최대공약수)$=2\times3=6$
따라서 $n$의 값 중 가장 큰 수는 6이다.

**04** $n$은 24와 30의 공배수이고, 그중에서 가장 작은 수는 24와 30의 최소공배수이다.

2) 24 30
3) 12 15
4 5

▶ (최소공배수)$=2\times3\times4\times5=120$
따라서 $n$의 값 중 가장 작은 수는 120이다.

**05** 두 분수에 분모 90과 120의 공배수를 곱하면 그 결과가 자연수가 된다. 그중에서 곱할 수 있는 가장 작은 자연수는 90과 120의 최소공배수이다.

2) 90 120
3) 45 60
5) 15 20
3 4

▶ (최소공배수)$=2\times3\times5\times3\times4=360$
따라서 구하는 가장 작은 자연수는 360이다.

**06** $n$은 30, 36, 54의 공배수이고, 그중에서 가장 작은 수는 30, 36, 54의 최소공배수이다.

2) 30 36 54
3) 15 18 27
3) 5 6 9
5 2 3

▶ (최소공배수)$=2\times3\times3\times5\times2\times3=540$
따라서 $n$의 값 중 가장 작은 수는 540이다.

**07** 30과 42를 나누어 모두 나누어떨어지게 하는 수 중 가장 큰 수는 30과 42의 최대공약수이다.

2) 30 42
3) 15 21
5 7

▶ (최대공약수)$=2\times3=6$

**08** 어떤 자연수로 25를 나누어도 나머지가 1이고, 33을 나누어도 나머지가 1이므로 어떤 자연수로 $25-1=24$, $33-1=32$를 나누면 나누어떨어진다. 즉, 어떤 자연수는 24와 32의 공약수이고, 이러한 수 중 가장 큰 수는 24와 32의 최대공약수이다.

2) 24 32
2) 12 16
2) 6 8
3 4

▶ (최대공약수)$=2\times2\times2=8$

**09** 어떤 자연수로 20을 나누면 5가 남고, 62를 나누면 2가 남으므로 어떤 자연수로 $20-5=15$, $62-2=60$을 나누면 나누어떨어진다. 즉, 어떤 자연수는 15와 60의 공약수이고, 이러한 수 중 가장 큰 수는 15와 60의 최대공약수이다.

3) 15 60
5) 5 20
1 4

▶ (최대공약수)$=3\times5=15$

**10** 18과 24 중 어느 것으로 나누어도 나누어떨어지는 수 중 가장 작은 수는 18과 24의 최소공배수이다.

2) 18 24
3) 9 12
3 4

▶ (최소공배수)$=2\times3\times3\times4=72$

**11** 30과 45 중 어느 것으로 나누어도 나머지가 2이므로 (어떤 수)$-2$는 30과 45의 공배수이다. 어떤 수 중 가장 작은 수를 구해야 하므로 먼저 30과 45의 최소공배수를 구한다.

3) 30 45
5) 10 15
2 3

▶ (최소공배수)$=3\times5\times2\times3=90$
따라서 (어떤 수 중 가장 작은 수)$-2=90$이므로 구하는 수는 92이다.

**12** 10, 12, 18 중 어느 것으로 나누어도 나머지가 1이므로 (어떤 수)$-1$은 10, 12, 18의 공배수이다. 어떤 수 중 가장 작은 수를 구해야 하므로 먼저 10, 12, 18의 최소공배수를 구한다.

2) 10 12 18
3) 5 6 9
5 2 3

▶ (최소공배수)$=2\times3\times5\times2\times3=180$
따라서 (어떤 수 중 가장 작은 수)$-1=180$이므로 구하는 수는 181이다.

## TEST 01 042~043쪽

**01** ⑤ 57의 약수는 1, 3, 19, 57이므로 57은 소수가 아니다.

**02** ② 2는 소수이지만 짝수이다.
③ 2는 짝수이지만 소수이다.
⑤ 모든 합성수는 약수의 개수가 3개 이상이다.
따라서 옳은 것은 ①, ④이다.

**03** ① $2\times2\times2\times2=2^4$
② $3\times3\times3\times3\times3=3^5$
③ $2\times5\times5=2\times5^2$
⑤ $\frac{1}{7}\times\frac{1}{7}\times\frac{1}{7}\times\frac{1}{7}\times\frac{1}{7}=\left(\frac{1}{7}\right)^5=\frac{1}{7^5}$

**04**
2) 50
5) 25
5

➡ $50=2\times5^2$

**05**
2) 98
7) 49
7

➡ $98=2\times7^2$

**06**
2) 108
2) 54
3) 27
3) 9
3

➡ $108=2^2\times3^3$
따라서 $a=2$, $b=3$이므로 $a+b=5$

**07** $2^2\times5^3$의 약수는 다음과 같다.

| $\times$ | 1 | 5 | $5^2$ | $5^3$ |
|---|---|---|---|---|
| 1 | 1 | 5 | $5^2$ | $5^3$ |
| 2 | 2 | $2\times5$ | $2\times5^2$ | $2\times5^3$ |
| $2^2$ | $2^2$ | $2^2\times5$ | $2^2\times5^2$ | $2^2\times5^3$ |

따라서 $2^2\times5^3$의 약수가 아닌 것은 ⑤이다.

**08**
2) 126
3) 63
3) 21
7

$126=2\times3^2\times7$이므로 제곱인 수를 만들기 위해 나눌 수 있는 가장 작은 자연수는
$a=2\times7=14$

**09** $68=2^2\times17$
▶ (약수의 개수)$=(2+1)\times(1+1)=3\times2=6$(개)

**10** $100=2^2\times5^2$
▶ (약수의 개수)$=(2+1)\times(2+1)=3\times3=9$(개)

**11** ② 9와 15의 최대공약수는 3이므로 9와 15는 서로소가 아니다.

**12** 두 수의 공약수는 최대공약수 20의 약수이므로 1, 2, 4, 5, 10, 20이다.

**13**
2) 8 10
4 5

➡ (최대공약수)$=2$
(최소공배수)$=2\times4\times5=40$

**14**
$2^3\times3$
$2^2\times3\times5$

▶ (최대공약수)$=2^2\times3=12$
(최소공배수)$=2^3\times3\times5=120$

**15**
$3^2$
$2^2\times3^2$
$3^2\times7$

▶ (최대공약수)$=3^2=9$
(최소공배수)$=2^2\times3^2\times7=252$

**16**
$2\times3^2$
$3\times5$

▶ (최소공배수)$=2\times3^2\times5$
두 수 $2\times3^2$, $3\times5$의 공배수는 두 수의 최소공배수의 배수이므로 $2\times3^2\times5$의 배수가 아닌 것은 ⑤이다.

**17** 가능한 한 많은 상자에 남김없이 똑같이 나누어 담아야 하므로 상자의 개수는 48과 60의 최대공약수이어야 한다.
2) 48 60
2) 24 30
3) 12 15
4 5

▶ (최대공약수)$=2\times2\times3=12$
따라서 담을 수 있는 상자는 12개이다.

**18** 두 분수에 분모 12와 15의 공배수를 곱하면 그 결과가 자연수가 된다. 그중에서 곱할 수 있는 가장 작은 자연수는 12와 15의 최소공배수이다.
3) 12 15
4 5

▶ (최소공배수)$=3\times4\times5=60$
따라서 구하는 가장 작은 자연수는 60이다.

**19** 가능한 한 큰 정사각형 모양의 색종이를 빈틈없이 붙이려면 색종이의 한 변의 길이는 30과 45의 최대공약수이어야 한다.
3) 30 45
5) 10 15
2 3

▶ (최대공약수)$=3\times5=15$
색종이의 한 변의 길이는 15 cm이므로
(가로에 필요한 색종이의 수)$=30\div15=2$(장)
(세로에 필요한 색종이의 수)$=45\div15=3$(장)
따라서 필요한 색종이의 수는 $2\times3=6$(장)

**20** 버스가 처음으로 다시 동시에 출발할 때까지 걸리는 시간은 6, 9, 15의 최소공배수이다.
3) 6 9 15
2 3 5

▶ (최소공배수)$=3\times2\times3\times5=90$
세 버스는 오전 7시에서 90분(=1시간 30분) 후인 오전 8시 30분에 처음으로 다시 동시에 출발한다.

## Chapter Ⅱ 정수와 유리수

### ACT 13 048~049쪽

03 이익은 $+$ : 6000원 이익 ➡ $+6000$원
손해는 $-$ : 4000원 손해 ➡ $-4000$원

04 지상은 $+$ : 지상 15층 ➡ $+15$층
지하는 $-$ : 지하 3층 ➡ $-3$층

### ACT 14 050~051쪽

02 $-\frac{4}{2}=-2$이므로 음의 정수이다. 따라서 음의 정수를 모두 찾으면 $-4$, $-\frac{4}{2}$이다.

09 $-\frac{2}{3}$, $-4.5$, $+\frac{8}{5}$, $9.2$와 같이 정수가 아닌 유리수도 있다.

10 유리수는 양의 유리수(양수), 0, 음의 유리수(음수)로 이루어져 있다.

11 음의 유리수는 $\frac{(\text{자연수})}{(\text{자연수})}$의 꼴로 나타낼 수 없다.

24 ① 양의 정수는 $+1$, $+12$의 2개이다.
② $-\frac{9}{3}=-3$이므로 음의 정수는 1개이다.
③ 양의 유리수는 $\frac{2}{5}$, $+1$, $+12$의 3개이다.
④ 음의 유리수는 $-0.8$, $-\frac{9}{3}$, $-\frac{5}{6}$의 3개이다.
⑤ 정수가 아닌 유리수는 $\frac{2}{5}$, $-0.8$, $-\frac{5}{6}$의 3개이다.
따라서 옳은 것은 ④이다.

### ACT 15 052~053쪽

05 절댓값은 0 또는 양수이다.

07 절댓값이 0인 수는 0뿐이므로 절댓값이 같은 수가 1개인 경우도 있다.

19 절댓값이 $a$인 수는 $-a$, $+a$의 2개이다.
$|-8|=8$, $|+8|=8$이므로 절댓값이 8인 수는 $-8$, $+8$이다.

22 수직선 위에서 원점과의 거리가 5인 수는 절댓값이 5인 수이므로 $-5$, $+5$이다.

25 $a=|-15|=15$이고, $b$는 절댓값이 2인 수 $-2$, $+2$ 중 음수이므로 $b=-2$이다.

### ACT 16 054~055쪽

01 (음수)$<0<$(양수)이므로 $-3<+5$이다.

08 양수끼리는 절댓값이 큰 수가 크다.
$|+4|=4$, $|+9|=9$이므로 $|+4|<|+9|$
$\therefore +4<+9$

12 음수끼리는 절댓값이 큰 수가 작다.
$|-5|=5$, $|-2|=2$이므로 $|-5|>|-2|$
$\therefore -5<-2$

16 $\frac{4}{10}=0.4$이므로 $+8.3>0.4$이다.
$\therefore +8.3>\frac{4}{10}$

18 $+\frac{7}{3}=+\frac{28}{12}$, $+\frac{11}{4}=+\frac{33}{12}$이므로
$+\frac{28}{12}<+\frac{33}{12}$이다.
$\therefore +\frac{7}{3}<+\frac{11}{4}$

19 $+\frac{11}{2}=+\frac{44}{8}$이므로 $+\frac{45}{8}>+\frac{44}{8}$이다.
$\therefore +\frac{45}{8}>+\frac{11}{2}$

22 $-\frac{15}{4}=-\frac{375}{100}=-3.75$이므로 $-4.2<-3.75$이다.
$\therefore -4.2<-\frac{15}{4}$

23 $-5.6=-\frac{56}{10}=-\frac{28}{5}$이고
$-\frac{28}{5}$과 $-\frac{17}{3}$을 통분하면 각각 $-\frac{84}{15}$, $-\frac{85}{15}$이므로
$-\frac{84}{15}>-\frac{85}{15}$이다.
$\therefore -5.6>-\frac{17}{3}$

**24** (음수)$<0<$(양수)이므로 $-3<0<1$이다.
따라서 가장 큰 수는 1, 가장 작은 수는 $-3$이다.

**25** 세 수 중 음수가 $-5$뿐이므로 가장 작은 수는 $-5$이다.
$2<9$이므로 가장 큰 수는 9이다.

**27** 양수는 절댓값이 클수록 큰 수이다.
$|2.5|<|6|<|+11|$이므로 가장 큰 수는 $+11$,
가장 작은 수는 2.5이다.

**28** 음수는 절댓값이 클수록 작은 수이다.
$-\frac{14}{5}=-2\frac{4}{5}$이고 $\left|-2\frac{4}{5}\right|<|-5|<|-7|$이므로
$-7<-5<-2\frac{4}{5}$이다.
따라서 가장 큰 수는 $-\frac{14}{5}$, 가장 작은 수는 $-7$이다.

**29** $-\frac{42}{7}=-6$이고 $|-6|<|-7.2|<|-8|$이므로
$-8<-7.2<-6$이다.
따라서 가장 큰 수는 $-\frac{42}{7}$, 가장 작은 수는 $-8$이다.

**30** ③ $+1.2=+\frac{12}{10}=+\frac{6}{5}$이고
$+\frac{2}{3}$와 $+\frac{6}{5}$을 통분하면 각각 $+\frac{10}{15}$, $+\frac{18}{15}$이므로
$+\frac{10}{15}<+\frac{18}{15}$이다.
$\therefore +\frac{2}{3}<+1.2$
④ 음수끼리는 절댓값이 큰 수가 작다.
$|-17|<|-20|$이므로 $-17>-20$이다.
⑤ $-\frac{19}{4}=-4\frac{3}{4}$이고 $\left|-4\frac{3}{4}\right|<|-6|$이므로
$-4\frac{3}{4}>-6$이다.
$\therefore -\frac{19}{4}>-6$
따라서 옳지 않은 것은 ④이다.

## ACT 17 056~057쪽

**17** $x$는 $-6$보다 작지 않고(크거나 같고) 0보다 작다.
▶ $-6\le x<0$

**18** $x$는 $-2$보다 작지 않고(크거나 같고) 2보다 크지 않다(작거나 같다).
▶ $-2\le x\le 2$

**19** $x$는 $\frac{1}{4}$보다 작지 않고(크거나 같고) 0.7보다 크지 않다(작거나 같다).
▶ $\frac{1}{4}\le x\le 0.7$

**20** $x$는 $-1.3$보다 크고 $\frac{3}{10}$보다 크지 않다(작거나 같다).
▶ $-1.3<x\le\frac{3}{10}$

**21** $x$는 $\frac{1}{6}$보다 크거나 같고 8.2보다 크지 않다(작거나 같다).
▶ $\frac{1}{6}\le x\le 8.2$

**22** $x$는 $-\frac{1}{2}$보다 작지 않고(크거나 같고) $\frac{9}{2}$보다 작거나 같다.
▶ $-\frac{1}{2}\le x\le\frac{9}{2}$

**23** ㉠ $-3\le x\le 7$
㉣ $-3<x\le 7$

**24** ㉡ $-8<x<5$
㉢ $-8<x\le 5$

**25** ⑤ $x$는 $-2$보다 작지 않고(크거나 같고) 4보다 작다.
➡ $-2\le x<4$

## ACT+ 18 058~059쪽

**01** (1) 수직선 위에서 절댓값이 1인 두 수가 나타내는 점은 원점에서부터의 거리가 1인 두 점이다.
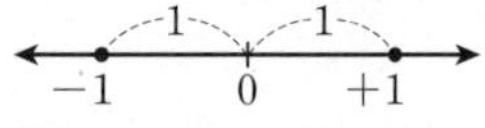

따라서 두 점 사이의 거리는 $2\times1=2$
(2) $2\times3=6$
(3) $2\times10=20$

**02** $2\times2.5=5$

**03** 
$\cancel{2}^{1}\times\frac{9}{\cancel{4}_{2}}=\frac{9}{2}$

**04** 절댓값이 같으므로 두 수가 나타내는 점은 원점에서부터 같은 거리에 있다. 즉, 원점으로부터 $\frac{8}{2}=4$만큼 떨어져 있고 부호가 반대인 두 수 $-4$와 $+4$를 찾아 점을 찍는다.

**05** 두 점은 원점으로부터 $\frac{12}{2}=6$만큼 떨어져 있고 부호가 반대이므로 $-6$과 $+6$이다.

**06** 두 점은 원점으로부터 $\frac{3}{2}$만큼 떨어져 있고 부호가 반대이므로 $-\frac{3}{2}$과 $+\frac{3}{2}$이다.
이때 $a<b$이므로 $a=-\frac{3}{2}$, $b=+\frac{3}{2}$이다.

**07** (1) $-13$, $+2$, $+8$의 절댓값은 차례대로 13, 2, 8이다.
이때 $2<8<13$이므로 절댓값이 가장 큰 수는 $-13$이다.
(2) $+1$, $-4$, 3의 절댓값은 차례대로 1, 4, 3이다.
이때 $1<3<4$이므로 절댓값이 가장 큰 수는 $-4$이다.
(3) $-6$, $-12$, $+7$의 절댓값은 차례대로 6, 12, 7이다.
이때 $6<7<12$이므로 절댓값이 가장 큰 수는 $-12$이다.

**08** 주어진 수의 절댓값을 차례대로 써 보면
0, 10, 0.7, 9, 5, $\frac{21}{2}$이다.
이때 $0<0.7<5<9<10<\frac{21}{2}\left(=10\frac{1}{2}\right)$이므로 절댓값이 큰 수부터 차례대로 쓰면
$+\frac{21}{2}$, $-10$, $+9$, 5, $-0.7$, 0이다.

**09** 원점에서 가장 가까운 것은 절댓값이 가장 작은 수이다.
① $\left|-\frac{3}{4}\right|=\frac{3}{4}=0.75$
② $|+1|=1$
③ $\left|+\frac{1}{10}\right|=\frac{1}{10}=0.1$
④ $|-1|=1$
⑤ $|-0.5|=0.5$
따라서 절댓값이 가장 작은 것은 ③이다.

**10** 절댓값이 2 이하인 정수는 절댓값이 0, 1, 2인 정수이다.
- 절댓값이 0인 수 : 0
- 절댓값이 1인 수 : $-1$, 1
- 절댓값이 2인 수 : $-2$, 2

따라서 구하는 수는 $-2$, $-1$, 0, 1, 2이다.

**11** $\frac{10}{3}=3\frac{1}{3}$이므로 절댓값이 $3\frac{1}{3}$ 미만인 정수는 절댓값이 0, 1, 2, 3인 정수이다.
- 절댓값이 0인 수 : 0
- 절댓값이 1인 수 : $-1$, 1
- 절댓값이 2인 수 : $-2$, 2
- 절댓값이 3인 수 : $-3$, 3

따라서 구하는 수는 $-3$, $-2$, $-1$, 0, 1, 2, 3이다.

**12** $|x|<7$이므로 $|x|$가 될 수 있는 정수는 0, 1, 2, 3, 4, 5, 6이다.
- 절댓값이 0인 수 : 0
- 절댓값이 1인 수 : $-1$, 1
- 절댓값이 2인 수 : $-2$, 2
- 절댓값이 3인 수 : $-3$, 3
- 절댓값이 4인 수 : $-4$, 4
- 절댓값이 5인 수 : $-5$, 5
- 절댓값이 6인 수 : $-6$, 6

따라서 정수 $x$의 개수는 13개이다.

**13** 1 이상 5 미만인 정수는 1, 2, 3, 4이다.
- 절댓값이 1인 수 : $-1$, 1
- 절댓값이 2인 수 : $-2$, 2
- 절댓값이 3인 수 : $-3$, 3
- 절댓값이 4인 수 : $-4$, 4

따라서 구하는 수는 $-4$, $-3$, $-2$, $-1$, 1, 2, 3, 4이다.

## ACT+ 19 060~061쪽

**01** (1) (음수)<0<(양수)이므로 가장 작은 수는 $-14$이다.
양수끼리 비교하면 $+5<+6.2$이므로
$-14<0<+5<+6.2$
(2) 음수끼리, 양수끼리 먼저 비교하면 $-7<-4\frac{2}{3}$, $0.2<+1$이다.
(음수)<(양수)이므로 $-7<-4\frac{2}{3}<0.2<+1$

**02** (1) $+\frac{20}{4}=+5$이므로 $9>+\frac{20}{4}$이고, $-8.7>-13$이다.
(양수)>(음수)이므로 $9>+\frac{20}{4}>-8.7>-13$
(2) $+3.1>+2$이고 $-1>-2\frac{1}{3}$이다.
(양수)>(음수)이므로 $+3.1>+2>-1>-2\frac{1}{3}$

**03** 수직선 위에 나타냈을 때 가장 오른쪽에 있는 수가 가장 큰 수이다.
(음수)<(양수)이므로 8, $+14$, 17 중 가장 큰 수를 찾으면 ⑤ 17이다.

**04** (음수)<(양수)이고 음수가 3개이므로 두 번째로 작은 수는 음수의 크기 비교만으로 찾을 수 있다.
$-11<-4.9<-2$이므로 구하는 수는 $-4.9$이다.

**05** $11.6>9\frac{2}{7}>+3$이고 $-4>-10$이므로 큰 수부터 차례대로 나열하면 11.6, $9\frac{2}{7}$, $+3$, $-4$, $-10$이다.
따라서 가운데 오는 수는 $+3$이다.

06 (3) $\frac{8}{3}=2\frac{2}{3}$이므로 수의 범위를 수직선 위에 나타내어 보면 다음과 같다.

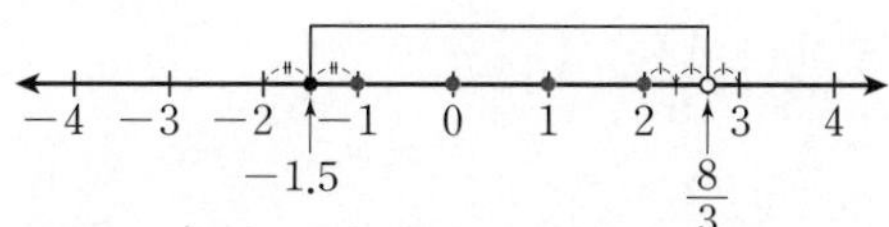

따라서 구하는 정수는 $-1, 0, 1, 2$이다.

07 (3) $-\frac{11}{2}=-5\frac{1}{2}$이므로 수의 범위를 수직선 위에 나타내어 보면 다음과 같다.

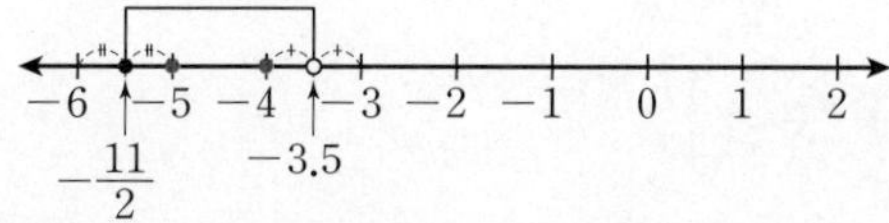

따라서 구하는 정수는 $-5, -4$이다.

08 $a$의 값이 될 수 있는 정수는 $-5, -4, -3, -2, -1, 0, 1, 2, 3, 4$로 모두 10개이다.

09 $-\frac{7}{3}=-2\frac{1}{3}$이고 $\frac{16}{5}=3\frac{1}{5}$이다.
따라서 두 수 사이에 있는 정수는 $-2, -1, 0, 1, 2, 3$으로 모두 6개이다.

10 ② $\frac{17}{4}=4\frac{1}{4}$이므로 4보다 큰 수이다.

## TEST 02 062~063쪽

01 ⑤ 해발 : $+$, 해저 : $-$
해발 1500 m ➡ $+1500$ m

02 ② B : $-\frac{3}{2}$

03 □ 안에 들어갈 수 있는 수는 음의 정수이므로 ④이다.

04 ② $-\frac{8}{2}=-4$
③ $+\frac{12}{6}=+2$
따라서 정수가 아닌 유리수는 ①이다.

05 ① 모두 유리수 ➡ 6개
② 자연수 : 7 ➡ 1개
③ 정수 : $0, -5, 7$ ➡ 3개
④ 음의 정수 : $-5$ ➡ 1개
⑤ 정수가 아닌 유리수 : $+2.4, -\frac{2}{3}, +\frac{7}{4}$ ➡ 3개
따라서 옳은 것은 ③이다.

08 절댓값이 11인 두 수는 $-11, 11$이고 $a$는 양수이므로
$a=11$
절댓값이 6인 두 수는 $-6, 6$이고 $b$는 음수이므로
$b=-6$

09 ④ $|-6|=6$이므로 $|-6|=+6$

10 ② 유리수 중에는 정수가 아닌 유리수도 있다.
④ 수직선의 원점에서 멀리 떨어질수록 절댓값이 커진다.
⑤ 0은 정수이자 유리수이다.
따라서 옳은 것은 ①, ③이다.

12 $a$는 $-\frac{1}{3}$보다 작지 않고(크거나 같고) $\frac{15}{4}$보다 작거나 같다.
▶ $-\frac{1}{3}\le a\le\frac{15}{4}$

13 $2\times4.3=8.6$

14 두 점은 원점으로부터 $\frac{10}{2}=5$만큼 떨어져 있고 부호가 반대이므로 $-5$와 5이다.

15 절댓값이 4보다 작은 정수는 절댓값이 0, 1, 2, 3인 정수이므로 $-3, -2, -1, 0, 1, 2, 3$의 7개이다.

16 가장 큰 수는 $+\frac{3}{4}$이고, $-7<-3<0$이므로 작은 수부터 차례대로 나열하면 $-7, -3, 0, +\frac{3}{4}$이다.

17 $-5<-\frac{1}{5}$, $+0.3<+4$이고 (음수)<(양수)므로 작은 수부터 차례대로 나열하면 $-5, -\frac{1}{5}, +0.3, +4$이다.

18 수직선 위에 나타냈을 때 가장 왼쪽에 있는 수가 가장 작은 수이다.
(음수)<(양수)이므로 $-1, -\frac{7}{3}$ 중에서 더 작은 수를 찾으면 ⑤ $-\frac{7}{3}$이다.

19 $\frac{5}{2}=2\frac{1}{2}$이므로 $-3\le a<2\frac{1}{2}$을 만족시키는 정수 $a$는 $-3, -2, -1, 0, 1, 2$의 6개이다.

20 $-9$와 8 사이에 있는 정수는 $-8$부터 7까지의 정수이다.
따라서 절댓값이 가장 큰 수는 $-8$이다.

# Chapter Ⅲ 정수와 유리수의 계산

## ACT 20 068~069쪽

12 $5-\frac{8}{7}=\frac{35}{7}-\frac{8}{7}=\frac{27}{7}$

14 $\frac{1}{3}+\frac{3}{5}=\frac{1\times5}{3\times5}+\frac{3\times3}{5\times3}=\frac{5}{15}+\frac{9}{15}=\frac{14}{15}$

15 $\frac{10}{7}+\frac{4}{5}=\frac{10\times5}{7\times5}+\frac{4\times7}{5\times7}=\frac{50}{35}+\frac{28}{35}=\frac{78}{35}$

16 $\frac{8}{15}+\frac{7}{10}=\frac{8\times2}{15\times2}+\frac{7\times3}{10\times3}=\frac{16}{30}+\frac{21}{30}=\frac{37}{30}$

17 $\frac{2}{21}+\frac{38}{35}=\frac{2\times5}{21\times5}+\frac{38\times3}{35\times3}=\frac{10}{105}+\frac{114}{105}=\frac{124}{105}$

18 $\frac{7}{3}+\frac{7}{12}=\frac{7\times4}{3\times4}+\frac{7}{12}=\frac{28}{12}+\frac{7}{12}=\frac{35}{12}$

19 $\frac{5}{2}+\frac{13}{8}=\frac{5\times4}{2\times4}+\frac{13}{8}=\frac{20}{8}+\frac{13}{8}=\frac{33}{8}$

20 $\frac{16}{9}+\frac{11}{6}=\frac{16\times2}{9\times2}+\frac{11\times3}{6\times3}=\frac{32}{18}+\frac{33}{18}=\frac{65}{18}$

22 $\frac{3}{8}-\frac{2}{7}=\frac{3\times7}{8\times7}-\frac{2\times8}{7\times8}=\frac{21}{56}-\frac{16}{56}=\frac{5}{56}$

23 $\frac{11}{9}-\frac{3}{4}=\frac{11\times4}{9\times4}-\frac{3\times9}{4\times9}=\frac{44}{36}-\frac{27}{36}=\frac{17}{36}$

24 $\frac{7}{10}-\frac{5}{12}=\frac{7\times6}{10\times6}-\frac{5\times5}{12\times5}=\frac{42}{60}-\frac{25}{60}=\frac{17}{60}$

25 $\frac{13}{5}-\frac{1}{2}=\frac{13\times2}{5\times2}-\frac{1\times5}{2\times5}=\frac{26}{10}-\frac{5}{10}=\frac{21}{10}$

26 $\frac{25}{8}-\frac{7}{10}=\frac{25\times5}{8\times5}-\frac{7\times4}{10\times4}=\frac{125}{40}-\frac{28}{40}=\frac{97}{40}$

27 $\frac{9}{2}-\frac{7}{6}=\frac{9\times3}{2\times3}-\frac{7}{6}=\frac{27}{6}-\frac{7}{6}=\frac{20}{6}=\frac{10}{3}$

28 $\frac{7}{4}-\frac{15}{14}=\frac{7\times7}{4\times7}-\frac{15\times2}{14\times2}=\frac{49}{28}-\frac{30}{28}=\frac{19}{28}$

## ACT 21 070~071쪽

02 $\frac{5}{\underset{2}{\cancel{6}}}\times\overset{1}{\cancel{3}}=\frac{5}{2}$

03 $\overset{3}{\cancel{6}}\times\frac{11}{\underset{1}{\cancel{2}}}=33$

04 $\overset{3}{\cancel{15}}\times\frac{4}{\underset{5}{\cancel{25}}}=\frac{12}{5}$

06 $\frac{\overset{3}{\cancel{6}}}{7}\times\frac{5}{\underset{4}{\cancel{8}}}=\frac{15}{28}$

07 $\frac{\overset{1}{\cancel{3}}}{\underset{2}{\cancel{10}}}\times\frac{\overset{1}{\cancel{5}}}{\underset{3}{\cancel{9}}}=\frac{1}{6}$

09 $\frac{\overset{1}{\cancel{7}}}{\underset{4}{\cancel{8}}}\times\frac{\overset{11}{\cancel{22}}}{\underset{3}{\cancel{21}}}=\frac{11}{12}$

11 $\frac{\overset{6}{\cancel{42}}}{\underset{1}{\cancel{5}}}\times\frac{\overset{1}{\cancel{5}}}{\underset{1}{\cancel{7}}}=6$

12 $\frac{\overset{9}{\cancel{27}}}{\underset{5}{\cancel{10}}}\times\frac{\overset{4}{\cancel{8}}}{\underset{1}{\cancel{3}}}=\frac{36}{5}$

13 $\frac{\overset{5}{\cancel{25}}}{\underset{2}{\cancel{6}}}\times\frac{\overset{13}{\cancel{39}}}{\underset{4}{\cancel{20}}}=\frac{65}{8}$

14 $\frac{\overset{4}{\cancel{12}}}{\underset{1}{\cancel{5}}}\times\frac{\overset{10}{\cancel{50}}}{\underset{11}{\cancel{33}}}=\frac{40}{11}$

16 $\frac{6}{7}\div3=\frac{\overset{2}{\cancel{6}}}{7}\times\frac{1}{\underset{1}{\cancel{3}}}=\frac{2}{7}$

17 $4\div\frac{1}{7}=4\times7=28$

18 $5\div\frac{1}{10}=5\times10=50$

19 $\frac{3}{7}\div\frac{2}{7}=\frac{3}{\underset{1}{\cancel{7}}}\times\frac{\overset{1}{\cancel{7}}}{2}=\frac{3}{2}$

20 $\frac{4}{5}\div\frac{8}{5}=\frac{\overset{1}{\cancel{4}}}{\underset{1}{\cancel{5}}}\times\frac{\overset{1}{\cancel{5}}}{\underset{2}{\cancel{8}}}=\frac{1}{2}$

21 $\frac{1}{6}\div\frac{3}{5}=\frac{1}{6}\times\frac{5}{3}=\frac{5}{18}$

22 $\frac{2}{3}\div\frac{4}{7}=\frac{\overset{1}{\cancel{2}}}{3}\times\frac{7}{\underset{2}{\cancel{4}}}=\frac{7}{6}$

23 $\frac{5}{8}\div\frac{9}{4}=\frac{5}{\underset{2}{\cancel{8}}}\times\frac{\overset{1}{\cancel{4}}}{9}=\frac{5}{18}$

24 $\frac{4}{13}\div\frac{40}{39}=\frac{\overset{1}{\cancel{4}}}{\underset{1}{\cancel{13}}}\times\frac{\overset{3}{\cancel{39}}}{\underset{10}{\cancel{40}}}=\frac{3}{10}$

25 $\frac{7}{6}\div\frac{11}{12}=\frac{7}{\underset{1}{\cancel{6}}}\times\frac{\overset{2}{\cancel{12}}}{11}=\frac{14}{11}$

26 $\frac{32}{21}\div\frac{2}{7}=\frac{\overset{16}{\cancel{32}}}{\underset{3}{\cancel{21}}}\times\frac{\overset{1}{\cancel{7}}}{\underset{1}{\cancel{2}}}=\frac{16}{3}$

27 $\frac{5}{4}\div\frac{4}{3}=\frac{5}{4}\times\frac{3}{4}=\frac{15}{16}$

28 $\frac{21}{20}\div\frac{9}{8}=\frac{\overset{7}{\cancel{21}}}{\underset{5}{\cancel{20}}}\times\frac{\overset{2}{\cancel{8}}}{\underset{3}{\cancel{9}}}=\frac{14}{15}$

29 $\frac{13}{9}\div\frac{26}{21}=\frac{\overset{1}{\cancel{13}}}{\underset{3}{\cancel{9}}}\times\frac{\overset{7}{\cancel{21}}}{\underset{2}{\cancel{26}}}=\frac{7}{6}$

30 $\frac{25}{21}\div\frac{20}{7}=\frac{\overset{5}{\cancel{25}}}{\underset{3}{\cancel{21}}}\times\frac{\overset{1}{\cancel{7}}}{\underset{4}{\cancel{20}}}=\frac{5}{12}$

## ACT 22 074~075쪽

02

$(+1)+(+3)=+4$

03
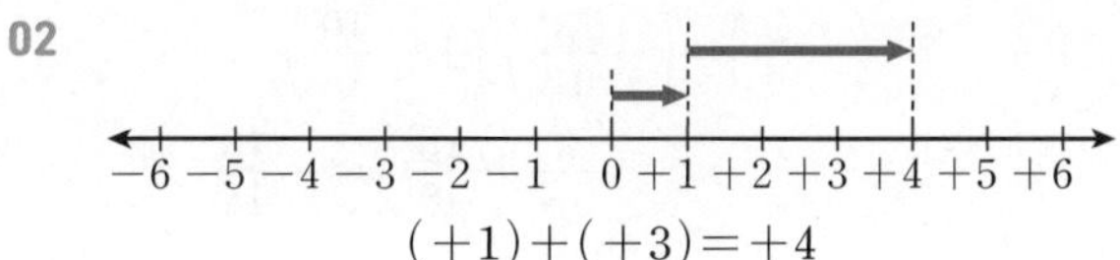
$(+3)+(+3)=+6$

04
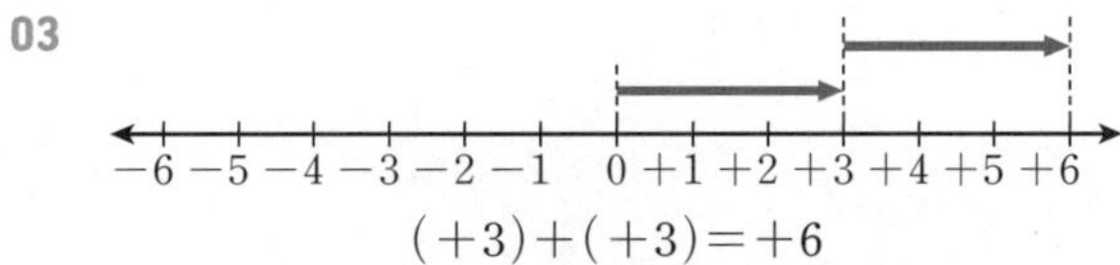
$(+4)+(+1)=+5$

06
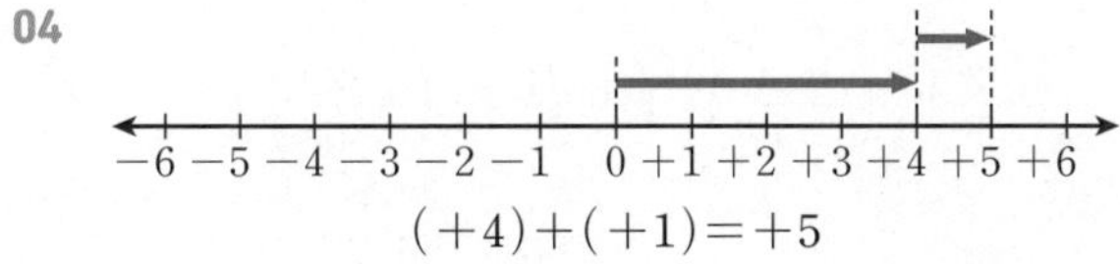
$(-3)+(-3)=-6$

07
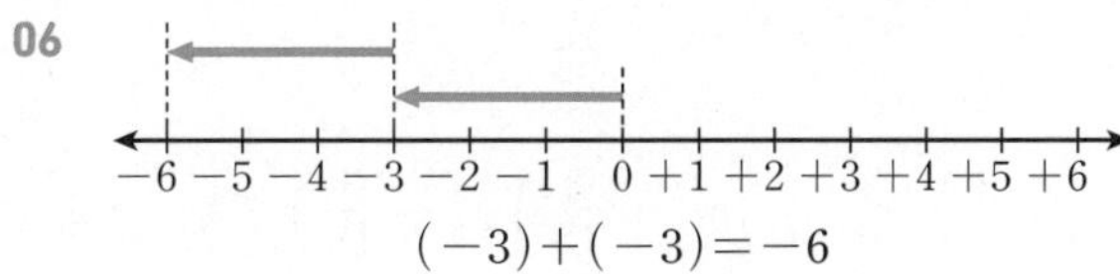
$(-1)+(-2)=-3$

08
$(-2)+(-4)=-6$

10 $(+3)+(+7)=+(3+7)=+10$

11 $(+8)+(+5)=+(8+5)=+13$

12 $(+9)+(+2)=+(9+2)=+11$

13 $(+13)+(+12)=+(13+12)=+25$

14 $(+15)+(+6)=+(15+6)=+21$

15 $(+19)+(+28)=+(19+28)=+47$

16 $(+22)+(+31)=+(22+31)=+53$

17 $(+26)+(+42)=+(26+42)=+68$

18 $(+54)+(+39)=+(54+39)=+93$

20 $(-7)+(-1)=-(7+1)=-8$

21 $(-3)+(-8)=-(3+8)=-11$

22 $(-14)+(-6)=-(14+6)=-20$

23 $(-12)+(-17)=-(12+17)=-29$

24 $(-20)+(-10)=-(20+10)=-30$

25 $(-32)+(-52)=-(32+52)=-84$

26 $(-81)+(-19)=-(81+19)=-100$

27 ④ $(-47)+(-16)=-(47+16)=-63$

## ACT 23 076~077쪽

02

$(+6)+(-5)=+1$

03
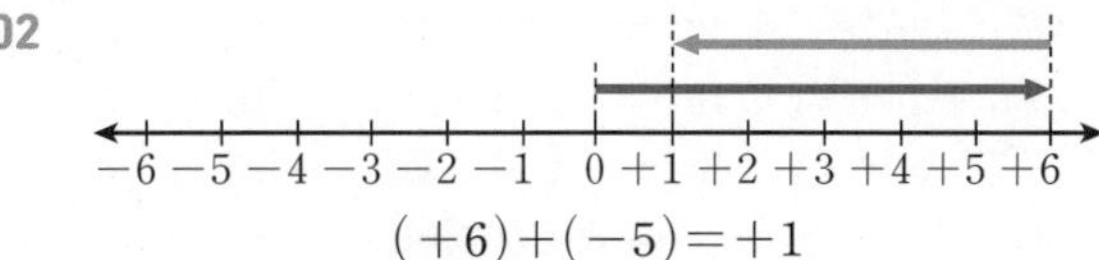
$(-4)+(+9)=+5$

04
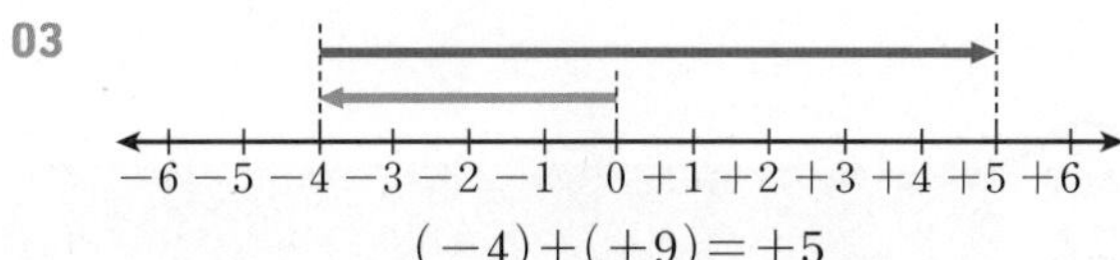
$(-3)+(+7)=+4$

06
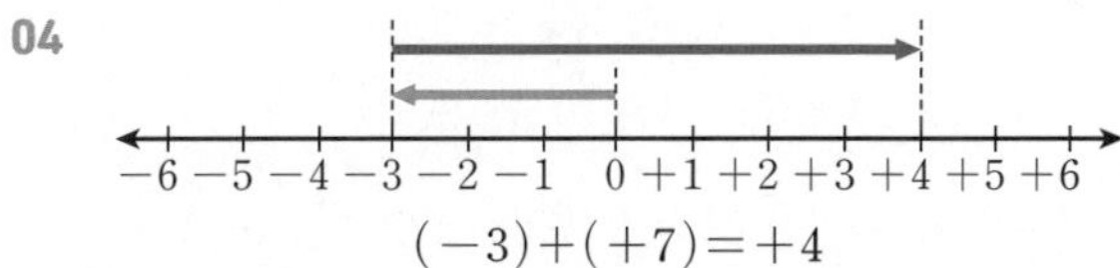
$(-5)+(+2)=-3$

07
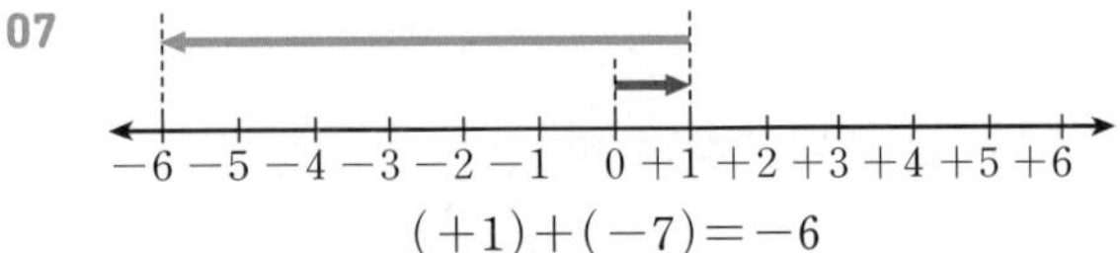

$(+1)+(-7)=-6$

08

$(+2)+(-6)=-4$

10 $(+10)+(-6)=+(10-6)=+4$

11 $(+15)+(-5)=+(15-5)=+10$

12 $(+19)+(-12)=+(19-12)=+7$

14 $(-6)+(+8)=+(8-6)=+2$

15 $(-12)+(+20)=+(20-12)=+8$

16 $(-26)+(+56)=+(56-26)=+30$

18 $(-18)+(+12)=-(18-12)=-6$

19 $(-24)+(+11)=-(24-11)=-13$

20 $(-38)+(+17)=-(38-17)=-21$

22 $(+7)+(-30)=-(30-7)=-23$

23 $(+13)+(-38)=-(38-13)=-25$

24 $(+20)+(-24)=-(24-20)=-4$

25 $(+27)+(-53)=-(53-27)=-26$

26 ① $(+9)+(-25)=-(25-9)=-16$
② $(+28)+(-12)=+(28-12)=+16$
③ $(-36)+(+20)=-(36-20)=-16$
④ $(+24)+(-40)=-(40-24)=-16$
⑤ $(-59)+(+43)=-(59-43)=-16$
따라서 계산 결과가 다른 것은 ②이다.

## ACT 24 078~079쪽

01 $(+0.5)+(+5.5)=+(0.5+5.5)=+6$

02 $(+7.6)+(+9.2)=+(7.6+9.2)=+16.8$

03 $(-0.4)+(-2.7)=-(0.4+2.7)=-3.1$

04 $(-3.4)+(-4.8)=-(3.4+4.8)=-8.2$

05 $(+1.8)+(-0.5)=+(1.8-0.5)=+1.3$

06 $(+6.1)+(-2.4)=+(6.1-2.4)=+3.7$

07 $(-8.5)+(+9.6)=+(9.6-8.5)=+1.1$

08 $(-1.9)+(+3.7)=+(3.7-1.9)=+1.8$

09 $(-2.7)+(+1.3)=-(2.7-1.3)=-1.4$

10 $(-6.8)+(+2.9)=-(6.8-2.9)=-3.9$

11 $(+4.6)+(-9.3)=-(9.3-4.6)=-4.7$

12 $(+3.8)+(-7.4)=-(7.4-3.8)=-3.6$

13 $\left(+\frac{5}{7}\right)+\left(+\frac{9}{7}\right)=+\left(\frac{5}{7}+\frac{9}{7}\right)=+\frac{14}{7}=+2$

14 $\left(+\frac{3}{10}\right)+\left(+\frac{2}{15}\right)=\left(+\frac{9}{30}\right)+\left(+\frac{4}{30}\right)$
$=+\left(\frac{9}{30}+\frac{4}{30}\right)=+\frac{13}{30}$

15 $\left(-\frac{4}{5}\right)+\left(-\frac{1}{4}\right)=\left(-\frac{16}{20}\right)+\left(-\frac{5}{20}\right)$
$=-\left(\frac{16}{20}+\frac{5}{20}\right)=-\frac{21}{20}$

16 $\left(-\frac{1}{6}\right)+\left(-\frac{5}{9}\right)=\left(-\frac{3}{18}\right)+\left(-\frac{10}{18}\right)$
$=-\left(\frac{3}{18}+\frac{10}{18}\right)=-\frac{13}{18}$

17 $\left(+\frac{7}{12}\right)+\left(-\frac{1}{3}\right)=\left(+\frac{7}{12}\right)+\left(-\frac{4}{12}\right)$
$=+\left(\frac{7}{12}-\frac{4}{12}\right)$
$=+\frac{3}{12}=+\frac{1}{4}$

18 $\left(+\frac{3}{8}\right)+\left(-\frac{5}{14}\right)=\left(+\frac{21}{56}\right)+\left(-\frac{20}{56}\right)$
$=+\left(\frac{21}{56}-\frac{20}{56}\right)$
$=+\frac{1}{56}$

19 $\left(+\frac{4}{9}\right)+\left(-\frac{1}{6}\right)=\left(+\frac{8}{18}\right)+\left(-\frac{3}{18}\right)$
$=+\left(\frac{8}{18}-\frac{3}{18}\right)$
$=+\frac{5}{18}$

20 $\left(-\frac{7}{18}\right)+\left(+\frac{5}{12}\right)=\left(-\frac{14}{36}\right)+\left(+\frac{15}{36}\right)$
$=+\left(\frac{15}{36}-\frac{14}{36}\right)$
$=+\frac{1}{36}$

**21** $\left(-\frac{3}{34}\right)+\left(+\frac{11}{17}\right)=\left(-\frac{3}{34}\right)+\left(+\frac{22}{34}\right)$
$=+\left(\frac{22}{34}-\frac{3}{34}\right)$
$=+\frac{19}{34}$

**22** $\left(-\frac{4}{7}\right)+\left(+\frac{1}{8}\right)=\left(-\frac{32}{56}\right)+\left(+\frac{7}{56}\right)$
$=-\left(\frac{32}{56}-\frac{7}{56}\right)$
$=-\frac{25}{56}$

**23** $\left(-\frac{5}{6}\right)+\left(+\frac{3}{4}\right)=\left(-\frac{10}{12}\right)+\left(+\frac{9}{12}\right)$
$=-\left(\frac{10}{12}-\frac{9}{12}\right)$
$=-\frac{1}{12}$

**24** $\left(-\frac{13}{8}\right)+\left(+\frac{2}{3}\right)=\left(-\frac{39}{24}\right)+\left(+\frac{16}{24}\right)$
$=-\left(\frac{39}{24}-\frac{16}{24}\right)$
$=-\frac{23}{24}$

**25** $\left(+\frac{5}{12}\right)+\left(-\frac{7}{9}\right)=\left(+\frac{15}{36}\right)+\left(-\frac{28}{36}\right)$
$=-\left(\frac{28}{36}-\frac{15}{36}\right)$
$=-\frac{13}{36}$

**26** $\left(+\frac{2}{15}\right)+\left(-\frac{19}{20}\right)=\left(+\frac{8}{60}\right)+\left(-\frac{57}{60}\right)$
$=-\left(\frac{57}{60}-\frac{8}{60}\right)$
$=-\frac{49}{60}$

**27** $\left(+\frac{13}{24}\right)+\left(-\frac{11}{16}\right)=\left(+\frac{26}{48}\right)+\left(-\frac{33}{48}\right)$
$=-\left(\frac{33}{48}-\frac{26}{48}\right)$
$=-\frac{7}{48}$

**28** $(+5.9)+\left(-\frac{3}{2}\right)=\left(+\frac{59}{10}\right)+\left(-\frac{3}{2}\right)$
$=\left(+\frac{59}{10}\right)+\left(-\frac{15}{10}\right)$
$=+\left(\frac{59}{10}-\frac{15}{10}\right)$
$=+\frac{44}{10}=+\frac{22}{5}$

**29** $\left(-\frac{8}{3}\right)+(+1.2)=\left(-\frac{8}{3}\right)+\left(+\frac{6}{5}\right)$
$=\left(-\frac{40}{15}\right)+\left(+\frac{18}{15}\right)$
$=-\left(\frac{40}{15}-\frac{18}{15}\right)$
$=-\frac{22}{15}$

**30** ① $\left(+\frac{1}{2}\right)+\left(+\frac{7}{4}\right)=\left(+\frac{2}{4}\right)+\left(+\frac{7}{4}\right)$
$=+\left(\frac{2}{4}+\frac{7}{4}\right)$
$=+\frac{9}{4}$

② $\left(-\frac{7}{10}\right)+\left(-\frac{1}{10}\right)=-\left(\frac{7}{10}+\frac{1}{10}\right)$
$=-\frac{8}{10}=-\frac{4}{5}$

③ $\left(+\frac{7}{8}\right)+\left(-\frac{5}{12}\right)=\left(+\frac{21}{24}\right)+\left(-\frac{10}{24}\right)$
$=+\left(\frac{21}{24}-\frac{10}{24}\right)$
$=+\frac{11}{24}$

④ $\left(-\frac{9}{16}\right)+\left(+\frac{1}{6}\right)=\left(-\frac{27}{48}\right)+\left(+\frac{8}{48}\right)$
$=-\left(\frac{27}{48}-\frac{8}{48}\right)$
$=-\frac{19}{48}$

⑤ $\left(+\frac{11}{14}\right)+\left(-\frac{9}{10}\right)=\left(+\frac{55}{70}\right)+\left(-\frac{63}{70}\right)$
$=-\left(\frac{63}{70}-\frac{55}{70}\right)$
$=-\frac{8}{70}=-\frac{4}{35}$

따라서 계산 결과가 옳은 것은 ⑤이다.

## ACT 25 080~081쪽

**07** $(+4)-(-6)=(+4)+(+6)$
$=+(4+6)=+10$

**08** $(+8)-(-5)=(+8)+(+5)$
$=+(8+5)=+13$

**09** $(+13)-(-27)=(+13)+(+27)$
$=+(13+27)=+40$

**10** $(-5)-(+7)=(-5)+(-7)$
$=-(5+7)=-12$

11 $(-11)-(+14)=(-11)+(-14)$
$=-(11+14)=-25$

12 $(-29)-(+23)=(-29)+(-23)$
$=-(29+23)=-52$

13 $(+9)-(+3)=(+9)+(-3)$
$=+(9-3)=+6$

14 $(+5)-(+4)=(+5)+(-4)$
$=+(5-4)=+1$

15 $(+12)-(+6)=(+12)+(-6)$
$=+(12-6)=+6$

16 $(+20)-(+8)=(+20)+(-8)$
$=+(20-8)=+12$

17 $(+36)-(+25)=(+36)+(-25)$
$=+(36-25)=+11$

18 $(+2)-(+6)=(+2)+(-6)$
$=-(6-2)=-4$

19 $(+5)-(+10)=(+5)+(-10)$
$=-(10-5)=-5$

20 $(+13)-(+20)=(+13)+(-20)$
$=-(20-13)=-7$

21 $(+29)-(+39)=(+29)+(-39)$
$=-(39-29)=-10$

22 $(-3)-(-10)=(-3)+(+10)$
$=+(10-3)=+7$

23 $(-13)-(-24)=(-13)+(+24)$
$=+(24-13)=+11$

24 $(-18)-(-40)=(-18)+(+40)$
$=+(40-18)=+22$

25 $(-25)-(-53)=(-25)+(+53)$
$=+(53-25)=+28$

26 $(-8)-(-3)=(-8)+(+3)$
$=-(8-3)=-5$

27 $(-14)-(-7)=(-14)+(+7)$
$=-(14-7)=-7$

28 $(-26)-(-11)=(-26)+(+11)$
$=-(26-11)=-15$

29 $(-40)-(-9)=(-40)+(+9)$
$=-(40-9)=-31$

30 주어진 그림은 0을 나타내는 점에서 오른쪽으로 4만큼 이동한 다음 다시 왼쪽으로 6만큼 이동한 점이 $-2$라는 것을 나타낸다. 따라서 그림에 알맞은 계산식은
④ $(+4)+(-6)=-2$
⑤ $(+4)-(+6)=-2$

## ACT 26

082~083쪽

01 $(+2.5)-(-0.5)=(+2.5)+(+0.5)$
$=+(2.5+0.5)=+3$

02 $(+7.4)-(-1.8)=(+7.4)+(+1.8)$
$=+(7.4+1.8)=+9.2$

03 $(-1.3)-(+3.2)=(-1.3)+(-3.2)$
$=-(1.3+3.2)=-4.5$

04 $(-4.9)-(+6.7)=(-4.9)+(-6.7)$
$=-(4.9+6.7)=-11.6$

05 $(+4.3)-(+2.1)=(+4.3)+(-2.1)$
$=+(4.3-2.1)=+2.2$

06 $(+9.6)-(+8.2)=(+9.6)+(-8.2)$
$=+(9.6-8.2)=+1.4$

07 $(+1.6)-(+3.7)=(+1.6)+(-3.7)$
$=-(3.7-1.6)=-2.1$

08 $(+4.9)-(+8.5)=(+4.9)+(-8.5)$
$=-(8.5-4.9)=-3.6$

09 $(-2.6)-(-3.9)=(-2.6)+(+3.9)$
$=+(3.9-2.6)=+1.3$

10 $(-0.7)-(-8.1)=(-0.7)+(+8.1)$
$=+(8.1-0.7)=+7.4$

11 $(-5.3)-(-2.7)=(-5.3)+(+2.7)$
$=-(5.3-2.7)=-2.6$

12 $(-9.4)-(-1.5)=(-9.4)+(+1.5)$
$=-(9.4-1.5)=-7.9$

13 $\left(+\frac{3}{8}\right)-\left(-\frac{1}{4}\right)=\left(+\frac{3}{8}\right)+\left(+\frac{2}{8}\right)$
$=+\left(\frac{3}{8}+\frac{2}{8}\right)=+\frac{5}{8}$

14 $\left(+\frac{11}{15}\right)-\left(-\frac{3}{10}\right)=\left(+\frac{22}{30}\right)+\left(+\frac{9}{30}\right)$
$=+\left(\frac{22}{30}+\frac{9}{30}\right)=+\frac{31}{30}$

15 $\left(-\frac{9}{11}\right)-\left(+\frac{4}{11}\right)=\left(-\frac{9}{11}\right)+\left(-\frac{4}{11}\right)$
$=-\left(\frac{9}{11}+\frac{4}{11}\right)=-\frac{13}{11}$

16 $\left(-\frac{15}{16}\right)-\left(+\frac{1}{8}\right)=\left(-\frac{15}{16}\right)+\left(-\frac{2}{16}\right)$
$=-\left(\frac{15}{16}+\frac{2}{16}\right)=-\frac{17}{16}$

17 $\left(+\frac{8}{3}\right)-\left(+\frac{5}{6}\right)=\left(+\frac{16}{6}\right)+\left(-\frac{5}{6}\right)$
$=+\left(\frac{16}{6}-\frac{5}{6}\right)=+\frac{11}{6}$

18 $\left(+\frac{4}{5}\right)-\left(+\frac{1}{20}\right)=\left(+\frac{16}{20}\right)+\left(-\frac{1}{20}\right)$
$=+\left(\frac{16}{20}-\frac{1}{20}\right)$
$=+\frac{15}{20}=+\frac{3}{4}$

19 $\left(+\frac{13}{6}\right)-\left(+\frac{3}{4}\right)=\left(+\frac{26}{12}\right)+\left(-\frac{9}{12}\right)$
$=+\left(\frac{26}{12}-\frac{9}{12}\right)=+\frac{17}{12}$

20 $\left(+\frac{4}{15}\right)-\left(+\frac{5}{9}\right)=\left(+\frac{12}{45}\right)+\left(-\frac{25}{45}\right)$
$=-\left(\frac{25}{45}-\frac{12}{45}\right)=-\frac{13}{45}$

21 $\left(+\frac{1}{2}\right)-\left(+\frac{6}{7}\right)=\left(+\frac{7}{14}\right)+\left(-\frac{12}{14}\right)$
$=-\left(\frac{12}{14}-\frac{7}{14}\right)=-\frac{5}{14}$

22 $\left(+\frac{19}{36}\right)-\left(+\frac{7}{12}\right)=\left(+\frac{19}{36}\right)+\left(-\frac{21}{36}\right)$
$=-\left(\frac{21}{36}-\frac{19}{36}\right)$
$=-\frac{2}{36}=-\frac{1}{18}$

23 $\left(-\frac{2}{7}\right)-\left(-\frac{1}{3}\right)=\left(-\frac{6}{21}\right)+\left(+\frac{7}{21}\right)$
$=+\left(\frac{7}{21}-\frac{6}{21}\right)=+\frac{1}{21}$

24 $\left(-\frac{5}{12}\right)-\left(-\frac{7}{9}\right)=\left(-\frac{15}{36}\right)+\left(+\frac{28}{36}\right)$
$=+\left(\frac{28}{36}-\frac{15}{36}\right)=+\frac{13}{36}$

25 $\left(-\frac{9}{26}\right)-\left(-\frac{10}{13}\right)=\left(-\frac{9}{26}\right)+\left(+\frac{20}{26}\right)$
$=+\left(\frac{20}{26}-\frac{9}{26}\right)=+\frac{11}{26}$

26 $\left(-\frac{3}{4}\right)-\left(-\frac{1}{3}\right)=\left(-\frac{9}{12}\right)+\left(+\frac{4}{12}\right)$
$=-\left(\frac{9}{12}-\frac{4}{12}\right)=-\frac{5}{12}$

27 $\left(-\frac{5}{8}\right)-\left(-\frac{15}{28}\right)=\left(-\frac{35}{56}\right)+\left(+\frac{30}{56}\right)$
$=-\left(\frac{35}{56}-\frac{30}{56}\right)=-\frac{5}{56}$

28 $(+6.8)-\left(-\frac{4}{5}\right)=\left(+\frac{34}{5}\right)+\left(+\frac{4}{5}\right)$
$=+\left(\frac{34}{5}+\frac{4}{5}\right)=+\frac{38}{5}$

29 $\left(-\frac{11}{2}\right)-(-3.2)=\left(-\frac{55}{10}\right)+\left(+\frac{32}{10}\right)$
$=-\left(\frac{55}{10}-\frac{32}{10}\right)=-\frac{23}{10}$

30 $a=+\frac{7}{3}$, $b=-\frac{3}{4}$이므로
$a-b=\left(+\frac{7}{3}\right)-\left(-\frac{3}{4}\right)=\left(+\frac{28}{12}\right)+\left(+\frac{9}{12}\right)$
$=+\left(\frac{28}{12}+\frac{9}{12}\right)=+\frac{37}{12}$

## ACT+ 27 084~085쪽

01 (1) $(-7)+(+9)=+2$
(2) $(-5)-(+3)=(-5)+(-3)=-8$
(3) $(+2)-(-10)=(+2)+(+10)=+12$
(4) $(+1.5)+(-7.2)=-5.7$
(5) $\left(-\frac{8}{21}\right)-\left(+\frac{9}{14}\right)=\left(-\frac{16}{42}\right)+\left(-\frac{27}{42}\right)$
$=-\left(\frac{16}{42}+\frac{27}{42}\right)$
$=-\frac{43}{42}$

02 ① $(-9)-(-12)=(-9)+(+12)=+3$
② $(-5)+(-6)=-11$
③ $(-11)+(+14)=+3$
④ $(+15)-(+19)=(+15)+(-19)=-4$
⑤ $(+23)+(-23)=0$
따라서 계산한 값이 음수인 것은 ②, ④이다.

03 (1) □$=(-7)-(+5)=(-7)+(-5)=-12$
(2) □$=(+25)-(-4)=(+25)+(+4)=+29$
(3) □$=(-12)+(+6)=-6$
(4) □$=(+18)-(+41)=(+18)+(-41)=-23$

04 $a=\left(+\frac{4}{9}\right)+\left(-\frac{2}{3}\right)=\left(+\frac{4}{9}\right)+\left(-\frac{6}{9}\right)=-\frac{2}{9}$

05 $\square=(+4.6)-\left(-\frac{17}{5}\right)$
$=\left(+\frac{23}{5}\right)+\left(+\frac{17}{5}\right)$
$=+\frac{40}{5}=+8$

06 (1) $a+(-13)=+2$에서
$a=(+2)-(-13)=(+2)+(+13)=+15$
(2) $(+15)-(-13)=(+15)+(+13)=+28$

07 어떤 수를 □로 놓으면
$\square-\left(+\frac{1}{4}\right)=-\frac{3}{10}$에서
$\square=\left(-\frac{3}{10}\right)+\left(+\frac{1}{4}\right)$
$=\left(-\frac{6}{20}\right)+\left(+\frac{5}{20}\right)$
$=-\frac{1}{20}$
따라서 바르게 계산한 값은
$\left(-\frac{1}{20}\right)+\left(+\frac{1}{4}\right)=\left(-\frac{1}{20}\right)+\left(+\frac{5}{20}\right)$
$=+\frac{4}{20}=+\frac{1}{5}$

08 어떤 수를 □로 놓으면
$(-8.9)+(\square)=+1.6$에서
$\square=(+1.6)-(-8.9)$
$=(+1.6)+(+8.9)$
$=+10.5$
따라서 바르게 계산한 값은
$(-8.9)-(+10.5)=(-8.9)+(-10.5)=-19.4$

09 (3) $(+2)+(+1)=+3$
$(+2)+(-1)=+1$
$(-2)+(+1)=-1$
$(-2)+(-1)=-3$

10 $a=+4$ 또는 $a=-4$
$b=+6$ 또는 $b=-6$
$a+b$의 값 중 가장 작은 값은 음수끼리의 합이므로
$(-4)+(-6)=-10$

11 $a=+3$ 또는 $a=-3$
$b=+8$ 또는 $b=-8$
$a-b$의 값을 모두 구해 보면 다음과 같다.
$(+3)-(+8)=(+3)+(-8)=-5$
$(+3)-(-8)=(+3)+(+8)=+11$
$(-3)-(+8)=(-3)+(-8)=-11$
$(-3)-(-8)=(-3)+(+8)=+5$
따라서 $a-b$의 값 중 가장 큰 값은 $+11$이고, 가장 작은 값은 $-11$이다.

다른 풀이
$a-b$의 값 중 가장 큰 값은 양수끼리의 합이므로
$(+3)+(+8)=+11$
$a-b$의 값 중 가장 작은 값은 음수끼리의 합이므로
$(-3)+(-8)=-11$

## ACT 28 088~089쪽

02 $(+4)\times(+8)=+(4\times8)=+32$

03 $(+6)\times(+3)=+(6\times3)=+18$

04 $(+9)\times(+7)=+(9\times7)=+63$

05 $(+11)\times(+8)=+(11\times8)=+88$

06 $(+7)\times(+14)=+(7\times14)=+98$

08 $(-5)\times(-7)=+(5\times7)=+35$

09 $(-3)\times(-6)=+(3\times6)=+18$

10 $(-8)\times(-8)=+(8\times8)=+64$

11 $(-12)\times(-5)=+(12\times5)=+60$

12 $(-3)\times(-24)=+(3\times24)=+72$

14 $(+5)\times(-8)=-(5\times8)=-40$

15 $(+6)\times(-2)=-(6\times2)=-12$

16 $(+8)\times(-9)=-(8\times9)=-72$

17 $(+9)\times(-4)=-(9\times4)=-36$

18 $(+10)\times(-10)=-(10\times10)=-100$

19 $(+12)\times(-7)=-(12\times7)=-84$

20 $(+7)\times(-13)=-(7\times13)=-91$

22 $(-4)\times(+8)=-(4\times8)=-32$

23 $(-5)\times(+2)=-(5\times2)=-10$

24 $(-7)\times(+9)=-(7\times9)=-63$

25 $(-8)\times(+3)=-(8\times3)=-24$

26 $(-10)\times(+17)=-(10\times17)=-170$

27 $(-35)\times(+2)=-(35\times2)=-70$

28 $(-14)\times(+3)=-(14\times3)=-42$

29 $(-15)\times(+15)=-(15\times15)=-225$

30 ② $(-2)\times(-9)=+(2\times9)=+18$

## ACT 29 090~091쪽

01 $(+0.4)\times(+0.2)=+(0.4\times0.2)=+0.08$

02 $(+0.8)\times(+5)=+(0.8\times5)=+4$

03 $(+1.3)\times(+0.3)=+(1.3\times0.3)=+0.39$

04 $(-0.6)\times(-0.5)=+(0.6\times0.5)=+0.3$

05 $(-1.7)\times(-0.2)=+(1.7\times0.2)=+0.34$

06 $(-2.5)\times(-4)=+(2.5\times4)=+10$

07 $(+0.7)\times(-0.9)=-(0.7\times0.9)=-0.63$

08 $(+1.2)\times(-0.4)=-(1.2\times0.4)=-0.48$

09 $(+4.1)\times(-0.6)=-(4.1\times0.6)=-2.46$

10 $(-0.8)\times(+12)=-(0.8\times12)=-9.6$

11 $(-3.2)\times(+0.4)=-(3.2\times0.4)=-1.28$

12 $(-5.1)\times(+0.7)=-(5.1\times0.7)=-3.57$

13 $\left(+\frac{1}{2}\right)\times\left(+\frac{1}{5}\right)=+\left(\frac{1}{2}\times\frac{1}{5}\right)=+\frac{1}{10}$

14 $\left(+\frac{3}{4}\right)\times\left(+\frac{2}{5}\right)=+\left(\frac{3}{\underset{2}{\cancel{4}}}\times\frac{\overset{1}{\cancel{2}}}{5}\right)=+\frac{3}{10}$

15 $\left(+\frac{5}{16}\right)\times\left(+\frac{8}{25}\right)=+\left(\frac{\overset{1}{\cancel{5}}}{\underset{2}{\cancel{16}}}\times\frac{\overset{1}{\cancel{8}}}{\underset{5}{\cancel{25}}}\right)=+\frac{1}{10}$

16 $\left(-\frac{1}{5}\right)\times\left(-\frac{3}{7}\right)=+\left(\frac{1}{5}\times\frac{3}{7}\right)=+\frac{3}{35}$

17 $\left(-\frac{5}{6}\right)\times\left(-\frac{4}{5}\right)=+\left(\frac{\overset{1}{\cancel{5}}}{\underset{3}{\cancel{6}}}\times\frac{\overset{2}{\cancel{4}}}{\underset{1}{\cancel{5}}}\right)=+\frac{2}{3}$

18 $\left(-\frac{13}{20}\right)\times\left(-\frac{28}{39}\right)=+\left(\frac{\overset{1}{\cancel{13}}}{\underset{5}{\cancel{20}}}\times\frac{\overset{7}{\cancel{28}}}{\underset{3}{\cancel{39}}}\right)=+\frac{7}{15}$

19 $\left(+\frac{3}{5}\right)\times\left(-\frac{7}{9}\right)=-\left(\frac{\overset{1}{\cancel{3}}}{5}\times\frac{7}{\underset{3}{\cancel{9}}}\right)=-\frac{7}{15}$

20 $\left(+\frac{4}{9}\right)\times\left(-\frac{3}{14}\right)=-\left(\frac{\overset{2}{\cancel{4}}}{\underset{3}{\cancel{9}}}\times\frac{\overset{1}{\cancel{3}}}{\underset{7}{\cancel{14}}}\right)=-\frac{2}{21}$

21 $\left(+\frac{7}{10}\right)\times\left(-\frac{15}{7}\right)=-\left(\frac{\overset{1}{\cancel{7}}}{\underset{2}{\cancel{10}}}\times\frac{\overset{3}{\cancel{15}}}{\underset{1}{\cancel{7}}}\right)=-\frac{3}{2}$

22 $\left(+\frac{13}{8}\right)\times\left(-\frac{4}{3}\right)=-\left(\frac{13}{\underset{2}{\cancel{8}}}\times\frac{\overset{1}{\cancel{4}}}{3}\right)=-\frac{13}{6}$

23 $(-18)\times\left(+\frac{7}{15}\right)=-\left(\overset{6}{\cancel{18}}\times\frac{7}{\underset{5}{\cancel{15}}}\right)=-\frac{42}{5}$

24 $\left(-\frac{9}{2}\right)\times\left(+\frac{5}{12}\right)=-\left(\frac{\overset{3}{\cancel{9}}}{2}\times\frac{5}{\underset{4}{\cancel{12}}}\right)=-\frac{15}{8}$

25 $\left(-\frac{6}{5}\right)\times\left(+\frac{20}{21}\right)=-\left(\frac{\overset{2}{\cancel{6}}}{\underset{1}{\cancel{5}}}\times\frac{\overset{4}{\cancel{20}}}{\underset{7}{\cancel{21}}}\right)=-\frac{8}{7}$

26 $\left(-\frac{5}{14}\right)\times\left(+\frac{7}{10}\right)=-\left(\frac{\overset{1}{\cancel{5}}}{\underset{2}{\cancel{14}}}\times\frac{\overset{1}{\cancel{7}}}{\underset{2}{\cancel{10}}}\right)=-\frac{1}{4}$

27 $\left(-\frac{2}{17}\right)\times\left(+\frac{51}{26}\right)=-\left(\frac{\overset{1}{\cancel{2}}}{\underset{1}{\cancel{17}}}\times\frac{\overset{3}{\cancel{51}}}{\underset{13}{\cancel{26}}}\right)=-\frac{3}{13}$

28 어떤 수에 0을 곱하면 그 결과는 항상 0이다.

29 $(+9.6)\times\left(-\frac{5}{8}\right)=-\left(\frac{\overset{6}{\cancel{48}}}{\underset{1}{\cancel{5}}}\times\frac{\overset{1}{\cancel{5}}}{\underset{1}{\cancel{8}}}\right)=-6$

30 ㉠ $\left(-\frac{1}{5}\right)\times\left(-\frac{1}{2}\right)=+\left(\frac{1}{5}\times\frac{1}{2}\right)=+\frac{1}{10}$

㉡ $\left(+\frac{4}{15}\right)\times\left(-\frac{3}{8}\right)=-\left(\frac{\overset{1}{\cancel{4}}}{\underset{5}{\cancel{15}}}\times\frac{\overset{1}{\cancel{3}}}{\underset{2}{\cancel{8}}}\right)=-\frac{1}{10}$

㉢ $\left(-\frac{3}{4}\right)\times\left(+\frac{2}{15}\right)=-\left(\frac{\overset{1}{\cancel{3}}}{\underset{2}{\cancel{4}}}\times\frac{\overset{1}{\cancel{2}}}{\underset{5}{\cancel{15}}}\right)=-\frac{1}{10}$

㉣ $\left(+\frac{9}{10}\right)\times\left(+\frac{1}{3}\right)=+\left(\frac{\overset{3}{\cancel{9}}}{10}\times\frac{1}{\underset{1}{\cancel{3}}}\right)=+\frac{3}{10}$

따라서 계산 결과가 서로 같은 것은 ㉡과 ㉢이다.

## ACT 30 092~093쪽

02 $(+14)\div(+2)=+(14\div2)=+7$

03 $(+18)\div(+3)=+(18\div3)=+6$

04 $(+32)\div(+4)=+(32\div4)=+8$

05 $(+63)\div(+9)=+(63\div9)=+7$

06 $(+90)\div(+15)=+(90\div15)=+6$

08 $(-32)\div(-8)=+(32\div8)=+4$

09 $(-40)\div(-5)=+(40\div5)=+8$

10 $(-49)\div(-7)=+(49\div7)=+7$

11 $(-82)\div(-2)=+(82\div2)=+41$

12 $(-96)\div(-48)=+(96\div48)=+2$

14 $(+21)\div(-3)=-(21\div3)=-7$

15 $(+28)\div(-7)=-(28\div7)=-4$

16 $(+36)\div(-9)=-(36\div9)=-4$

17 $(+42)\div(-7)=-(42\div7)=-6$

18 $(+48)\div(-2)=-(48\div2)=-24$

19 $(+52)\div(-4)=-(52\div4)=-13$

20 $(+80)\div(-16)=-(80\div16)=-5$

21 0을 어떤 수로 나눈 몫은 항상 0이다.

23 $(-16)\div(+2)=-(16\div2)=-8$

24 $(-36)\div(+4)=-(36\div4)=-9$

25 $(-42)\div(+6)=-(42\div6)=-7$

26 $(-45)\div(+5)=-(45\div5)=-9$

27 $(-56)\div(+7)=-(56\div7)=-8$

28 $(-64)\div(+4)=-(64\div4)=-16$

29 $(-100)\div(+25)=-(100\div25)=-4$

30 ① $(+9)\div(-3)=-(9\div3)=-3$
② $(+21)\div(-7)=-(21\div7)=-3$
③ $(-12)\div(+4)=-(12\div4)=-3$
④ $(-15)\div(+5)=-(15\div5)=-3$
⑤ $(-27)\div(-9)=+(27\div9)=+3$
따라서 계산 결과가 나머지 넷과 다른 것은 ⑤이다.

## ACT 31 094~095쪽

01 $(+4.2)\div(+7)=+(4.2\div7)=+0.6$

02 $(-5.4)\div(-0.9)=+(5.4\div0.9)=+6$

03 $(+3.6)\div(-4)=-(3.6\div4)=-0.9$

04 $(-2.8)\div(+0.7)=-(2.8\div0.7)=-4$

05 $(-7.2)\div(+1.2)=-(7.2\div1.2)=-6$

12 $\left(+\frac{1}{3}\right)\div\left(+\frac{2}{5}\right)=\left(+\frac{1}{3}\right)\times\left(+\frac{5}{2}\right)$
$=+\left(\frac{1}{3}\times\frac{5}{2}\right)=+\frac{5}{6}$

13 $\left(+\frac{7}{12}\right)\div\left(+\frac{5}{36}\right)=\left(+\frac{7}{12}\right)\times\left(+\frac{36}{5}\right)$
$=+\left(\frac{7}{\cancel{12}_{1}}\times\frac{\cancel{36}^{3}}{5}\right)=+\frac{21}{5}$

14 $(-5)\div\left(-\frac{1}{3}\right)=(-5)\times(-3)=+15$

15 $\left(-\frac{8}{9}\right)\div\left(-\frac{4}{3}\right)=\left(-\frac{8}{9}\right)\times\left(-\frac{3}{4}\right)$
$=+\left(\frac{\cancel{8}^{2}}{\cancel{9}_{3}}\times\frac{\cancel{3}^{1}}{\cancel{4}_{1}}\right)=+\frac{2}{3}$

16 $\left(-\frac{11}{14}\right)\div\left(-\frac{1}{28}\right)=\left(-\frac{11}{14}\right)\times(-28)$
$=+\left(\frac{11}{\cancel{14}_{1}}\times\cancel{28}^{2}\right)=+22$

17 $\left(+\frac{3}{4}\right)\div\left(-\frac{7}{6}\right)=\left(+\frac{3}{4}\right)\times\left(-\frac{6}{7}\right)$
$=-\left(\frac{3}{\cancel{4}_{2}}\times\frac{\cancel{6}^{3}}{7}\right)=-\frac{9}{14}$

18 $\left(+\frac{1}{8}\right)\div\left(-\frac{2}{9}\right)=\left(+\frac{1}{8}\right)\times\left(-\frac{9}{2}\right)$
$=-\left(\frac{1}{8}\times\frac{9}{2}\right)=-\frac{9}{16}$

19 $\left(+\frac{4}{15}\right)\div\left(-\frac{32}{5}\right)=\left(+\frac{4}{15}\right)\times\left(-\frac{5}{32}\right)$
$=-\left(\frac{\cancel{4}^{1}}{\cancel{15}_{3}}\times\frac{\cancel{5}^{1}}{\cancel{32}_{8}}\right)=-\frac{1}{24}$

20 $\left(+\frac{6}{49}\right)\div\left(-\frac{10}{21}\right)=\left(+\frac{6}{49}\right)\times\left(-\frac{21}{10}\right)$
$=-\left(\frac{\cancel{6}^{3}}{\cancel{49}_{7}}\times\frac{\cancel{21}^{3}}{\cancel{10}_{5}}\right)=-\frac{9}{35}$

21 $\left(-\frac{9}{10}\right)\div\left(+\frac{15}{2}\right)=\left(-\frac{9}{10}\right)\times\left(+\frac{2}{15}\right)$
$=-\left(\frac{\cancel{9}^{3}}{\cancel{10}_{5}}\times\frac{\cancel{2}^{1}}{\cancel{15}_{5}}\right)=-\frac{3}{25}$

**22** $\left(-\frac{15}{16}\right)\div\left(+\frac{5}{6}\right)=\left(-\frac{15}{16}\right)\times\left(+\frac{6}{5}\right)$

$=-\left(\frac{15}{16}\times\frac{6}{5}\right)=-\frac{9}{8}$

**23** $\left(-\frac{3}{20}\right)\div\left(+\frac{12}{35}\right)=\left(-\frac{3}{20}\right)\times\left(+\frac{35}{12}\right)$

$=-\left(\frac{3}{20}\times\frac{35}{12}\right)=-\frac{7}{16}$

**24** $\left(-\frac{18}{7}\right)\div\left(+\frac{9}{4}\right)=\left(-\frac{18}{7}\right)\times\left(+\frac{4}{9}\right)$

$=-\left(\frac{18}{7}\times\frac{4}{9}\right)=-\frac{8}{7}$

**25** 0을 0이 아닌 수로 나눈 몫은 항상 0이다.

**26** $(-0.3)\div\left(+\frac{3}{8}\right)=\left(-\frac{3}{10}\right)\times\left(+\frac{8}{3}\right)$

$=-\left(\frac{3}{10}\times\frac{8}{3}\right)=-\frac{4}{5}$

**27** $\left(-\frac{21}{20}\right)\div(-1.4)=\left(-\frac{21}{20}\right)\div\left(-\frac{7}{5}\right)$

$=\left(-\frac{21}{20}\right)\times\left(-\frac{5}{7}\right)$

$=+\left(\frac{21}{20}\times\frac{5}{7}\right)=+\frac{3}{4}$

**28** $a=-8$, $b=+\frac{1}{2}$이므로

$a\div b=(-8)\div\left(+\frac{1}{2}\right)=(-8)\times(+2)=-16$

## ACT+ 32 096~097쪽

**01** (1) 양수 2개, 음수 1개 중 양수 2개를 곱한 값이 가장 크다.

따라서 곱이 가장 큰 두 수는 $+2$와 $+\frac{5}{6}$이다.

(2) 양수 1개, 음수 2개 중 음수 2개를 곱한 값이 가장 크다.

따라서 곱이 가장 큰 두 수는 $-0.4$와 $-\frac{1}{3}$이다.

**02** 양수 1개, 음수 2개 중 음수 2개를 곱한 값이 가장 크다.
따라서 구하는 수는

$\left(-\frac{3}{10}\right)\times\left(-\frac{5}{6}\right)=+\left(\frac{3}{10}\times\frac{5}{6}\right)=+\frac{1}{4}$

**03** 네 수 중 두 수를 뽑아 곱한 값 중 가장 큰 수를 구하려면 음수끼리 곱한 값과 양수끼리 곱한 값의 크기를 비교해야 한다.

$\left(-\frac{5}{6}\right)\times\left(-\frac{2}{9}\right)=+\left(\frac{5}{6}\times\frac{2}{9}\right)=+\frac{5}{27}$

$\left(+\frac{11}{18}\right)\times\left(+\frac{2}{3}\right)=+\left(\frac{11}{18}\times\frac{2}{3}\right)=+\frac{11}{27}$

$+\frac{5}{27}<+\frac{11}{27}$이므로 두 수를 뽑아 곱한 값 중 가장 큰 수는 $+\frac{11}{27}$이다.

**04** (1) 양수 2개, 음수 1개이므로 음수와 양수 중 절댓값이 큰 수를 곱한 값이 가장 작다.
따라서 곱이 가장 작은 두 수는 $-6$과 $+7$이다.

(2) 음수 2개, 양수 1개이므로 양수와 음수 중 절댓값이 큰 수를 곱한 값이 가장 작다.
따라서 곱이 가장 작은 두 수는 $-5$와 $+\frac{3}{25}$이다.

**05** 세 수의 부호가 모두 같으므로 절댓값이 가장 작은 두 수를 곱한 값이 가장 작다.
따라서 구하는 수는

$\left(-\frac{1}{6}\right)\times\left(-\frac{2}{15}\right)=+\left(\frac{1}{6}\times\frac{2}{15}\right)=+\frac{1}{45}$

**06** 음수 3개, 양수 1개이므로 곱이 가장 작은 수를 구하려면 음수 중에서 절댓값이 가장 큰 수와 양수를 곱해야 한다.
따라서 구하는 수는

$(-14)\times\left(+\frac{6}{7}\right)=-\left(14\times\frac{6}{7}\right)=-12$

**07** (1) $\square=(+14)\div(+7)=+2$

(2) $\square=(-15)\div(-5)=+3$

(3) $\square=(+12.4)\div(-3.1)=-4$

(4) $\square=\left(-\frac{15}{16}\right)\div\left(-\frac{5}{18}\right)=\left(-\frac{15}{16}\right)\times\left(-\frac{18}{5}\right)$

$=+\left(\frac{15}{16}\times\frac{18}{5}\right)=+\frac{27}{8}$

(5) $\square=(+9)\times(+0.4)=+3.6$

(6) $\square=\left(-\frac{9}{2}\right)\div(+21)=\left(-\frac{9}{2}\right)\times\left(+\frac{1}{21}\right)$

$=-\left(\frac{9}{2}\times\frac{1}{21}\right)=-\frac{3}{14}$

**08** $a=(-4)\times(-0.8)=+3.2$

**09** (1) $a\div(+3)=-\frac{4}{9}$에서

$a=\left(-\frac{4}{9}\right)\times(+3)=-\left(\frac{4}{9}\times3\right)=-\frac{4}{3}$

(2) $\left(-\frac{4}{3}\right)\times(+3)=-\left(\frac{4}{3}\times3\right)=-4$

**10** 어떤 수를 □로 놓으면

$\square\times\left(-\frac{2}{5}\right)=+\frac{2}{3}$에서

$\square=\left(+\frac{2}{3}\right)\div\left(-\frac{2}{5}\right)=\left(+\frac{2}{3}\right)\times\left(-\frac{5}{2}\right)$

$=-\left(\frac{\cancel{2}^{1}}{3}\times\frac{5}{\cancel{2}_{1}}\right)=-\frac{5}{3}$

따라서 바르게 계산한 값은

$\left(-\frac{5}{3}\right)\div\left(-\frac{2}{5}\right)=\left(-\frac{5}{3}\right)\times\left(-\frac{5}{2}\right)$

$=+\left(\frac{5}{3}\times\frac{5}{2}\right)=+\frac{25}{6}$

**11** 어떤 수를 □로 놓으면

$(+28)\times(\square)=-16$에서

$\square=(-16)\div(+28)=(-16)\times\left(+\frac{1}{28}\right)$

$=-\left(\cancel{16}^{4}\times\frac{1}{\cancel{28}_{7}}\right)=-\frac{4}{7}$

따라서 바르게 계산한 값은

$(+28)\div\left(-\frac{4}{7}\right)=(+28)\times\left(-\frac{7}{4}\right)$

$=-\left(\cancel{28}^{7}\times\frac{7}{\cancel{4}_{1}}\right)=-49$

## TEST 03 — 098~099쪽

**01** ① $\frac{1}{2}+\frac{1}{8}=\frac{4}{8}+\frac{1}{8}=\frac{5}{8}$

② $\frac{2}{4}+\frac{3}{4}=\frac{5}{4}$

③ $\frac{2}{8}+\frac{3}{8}=\frac{5}{8}$

④ $\frac{7}{8}-\frac{2}{8}=\frac{5}{8}$

⑤ $\frac{5}{2}-\frac{15}{8}=\frac{20}{8}-\frac{15}{8}=\frac{5}{8}$

따라서 계산 결과가 나머지 넷과 다른 것은 ②이다.

**02** $\frac{\cancel{4}^{2}}{\cancel{5}_{1}}\times\frac{\cancel{5}^{1}}{\cancel{2}_{1}}=2$

$\frac{12}{7}\div\frac{24}{35}=\frac{\cancel{12}^{1}}{\cancel{7}_{1}}\times\frac{\cancel{35}^{5}}{\cancel{24}_{2}}=\frac{5}{2}$

$2<\frac{5}{2}$이므로

$\frac{4}{5}\times\frac{5}{2}<\frac{12}{7}\div\frac{24}{35}$

**03** 주어진 그림은 0을 나타내는 점에서 오른쪽으로 5만큼 이동한 다음 다시 왼쪽으로 1만큼 이동한 점이 +4라는 것을 나타낸다. 따라서 그림에 알맞은 계산식은

③ $(+5)+(-1)=+4$

⑤ $(+5)-(+1)=+4$

**05** ① $(+7)-(+5)=(+7)+(-5)=+2$

② $(+4)-(-2)=(+4)+(+2)=+6$

③ $(-5)-(+3)=(-5)+(-3)=-8$

④ $(-1)-(-6)=(-1)+(+6)=+5$

⑤ $(-3)+(+8)=+5$

따라서 계산 결과가 옳은 것은 ④이다.

**06** $(+2.7)+(-6.5)=-(6.5-2.7)=-3.8$

**07** $\left(-\frac{2}{3}\right)+\left(+\frac{4}{27}\right)=\left(-\frac{18}{27}\right)+\left(+\frac{4}{27}\right)=-\frac{14}{27}$

**08** $\left(+\frac{6}{7}\right)-\left(+\frac{2}{9}\right)=\left(+\frac{54}{63}\right)+\left(-\frac{14}{63}\right)=+\frac{40}{63}$

**09** $(+5.8)-\left(-\frac{19}{10}\right)=\left(+\frac{58}{10}\right)+\left(+\frac{19}{10}\right)$

$=+\frac{77}{10}$

**10** 어떤 수를 □로 놓으면

$\square+\left(+\frac{5}{6}\right)=+\frac{11}{14}$에서

$\square=\left(+\frac{11}{14}\right)-\left(+\frac{5}{6}\right)$

$=\left(+\frac{33}{42}\right)+\left(-\frac{35}{42}\right)$

$=-\frac{2}{42}=-\frac{1}{21}$

따라서 바르게 계산한 값은

$\left(-\frac{1}{21}\right)-\left(+\frac{5}{6}\right)=\left(-\frac{2}{42}\right)+\left(-\frac{35}{42}\right)=-\frac{37}{42}$

**11** ① $(+5)\times(+3)=+15$

② $(-7)\times(-2)=+14$

③ $(-4)\times(-6)=+24$

④ $(-10)\div(+5)=-2$

⑤ $(-12)\div(-3)=+4$

따라서 계산 결과가 음수인 것은 ④이다.

**12** ① $\square=(+7)-(+3)=(+7)+(-3)=+4$

② $\square=(-6)-(-2)=(-6)+(+2)=-4$

③ $\square=(+3)-(-1)=(+3)+(+1)=+4$

④ $\square=(-20)\div(-5)=+4$

⑤ $\square=(+36)\div(+9)=+4$

따라서 □ 안에 알맞은 수가 다른 것은 ②이다.

**14** $(+0.9)\times(-0.5)=-(0.9\times0.5)=-0.45$

15 $\left(-\frac{9}{4}\right)\times\left(-\frac{10}{27}\right)=+\left(\frac{\cancel{9}^{1}}{\cancel{4}_{2}}\times\frac{\cancel{10}^{5}}{\cancel{27}_{3}}\right)=+\frac{5}{6}$

16 $\left(-\frac{24}{7}\right)\div\left(+\frac{18}{35}\right)=\left(-\frac{24}{7}\right)\times\left(+\frac{35}{18}\right)$

$=-\left(\frac{\cancel{24}^{4}}{\cancel{7}_{1}}\times\frac{\cancel{35}^{5}}{\cancel{18}_{3}}\right)=-\frac{20}{3}$

17 ① $\left(+\frac{6}{7}\right)\times\left(-\frac{1}{2}\right)=-\left(\frac{\cancel{6}^{3}}{7}\times\frac{1}{\cancel{2}_{1}}\right)=-\frac{3}{7}$

② $\left(-\frac{8}{35}\right)\times\left(-\frac{21}{4}\right)=+\left(\frac{\cancel{8}^{2}}{\cancel{35}_{5}}\times\frac{\cancel{21}^{3}}{\cancel{4}_{1}}\right)=+\frac{6}{5}$

③ $\left(+\frac{8}{27}\right)\div(+4)=\left(+\frac{8}{27}\right)\times\left(+\frac{1}{4}\right)$

$=+\left(\frac{\cancel{8}^{2}}{27}\times\frac{1}{\cancel{4}_{1}}\right)=+\frac{2}{27}$

④ $\left(-\frac{5}{18}\right)\div\left(+\frac{20}{9}\right)=\left(-\frac{5}{18}\right)\times\left(+\frac{9}{20}\right)$

$=-\left(\frac{\cancel{5}^{1}}{\cancel{18}_{2}}\times\frac{\cancel{9}^{1}}{\cancel{20}_{4}}\right)=-\frac{1}{8}$

⑤ $\left(+\frac{10}{33}\right)\div\left(-\frac{5}{22}\right)=\left(+\frac{10}{33}\right)\times\left(-\frac{22}{5}\right)$

$=-\left(\frac{\cancel{10}^{2}}{\cancel{33}_{3}}\times\frac{\cancel{22}^{2}}{\cancel{5}_{1}}\right)=-\frac{4}{3}$

따라서 계산 결과가 옳지 않은 것은 ③이다.

18 $-\frac{7}{6}$의 역수는 $-\frac{6}{7}$, $+3$의 역수는 $+\frac{1}{3}$이므로

$\left(-\frac{6}{7}\right)\times\left(+\frac{1}{3}\right)=-\left(\frac{\cancel{6}^{2}}{7}\times\frac{1}{\cancel{3}_{1}}\right)=-\frac{2}{7}$

19 $a=+\frac{8}{49}$, $b=-\frac{6}{7}$이므로

$a\div b=\left(+\frac{8}{49}\right)\div\left(-\frac{6}{7}\right)=\left(+\frac{8}{49}\right)\times\left(-\frac{7}{6}\right)$

$=-\left(\frac{\cancel{8}^{4}}{\cancel{49}_{7}}\times\frac{\cancel{7}^{1}}{\cancel{6}_{3}}\right)=-\frac{4}{21}$

20 네 수 중에서 두 수를 뽑아 곱한 값 중 가장 큰 수를 구하려면 음수끼리 곱한 값과 양수끼리 곱한 값의 크기를 비교해야 한다.

$(-6.4)\times\left(-\frac{7}{8}\right)=\left(-\frac{32}{5}\right)\times\left(-\frac{7}{8}\right)$

$=+\left(\frac{\cancel{32}^{4}}{5}\times\frac{7}{\cancel{8}_{1}}\right)$

$=+\frac{28}{5}$

$\left(+\frac{9}{4}\right)\times(+8)=+\left(\frac{9}{\cancel{4}_{1}}\times\cancel{8}^{2}\right)=+18$

$+\frac{28}{5}<+18$이므로 두 수를 뽑아 곱한 값 중 가장 큰 수는 $+18$이다.

## Chapter Ⅳ 정수와 유리수의 혼합 계산

### ACT 33

104~105쪽

05 $(+8)+(-9)+(+2)=(+8)+(+2)+(-9)$

$=(+10)+(-9)$

$=+1$

06 $(-6)+(+3)+(-4)=(-6)+(-4)+(+3)$

$=(-10)+(+3)$

$=-7$

07 $(-8)-(+3)+(-1)=(-8)+(-3)+(-1)$

$=(-11)+(-1)$

$=-12$

08 $(+3)+(-8)-(-5)=(+3)+(-8)+(+5)$

$=(+3)+(+5)+(-8)$

$=(+8)+(-8)$

$=0$

09 $(+7)-(+2)+(-4)=(+7)+(-2)+(-4)$

$=(+7)+(-6)$

$=+1$

10 $(-9)-(-8)-(-1)=(-9)+(+8)+(+1)$

$=(-9)+(+9)$

$=0$

11 $(-4)-(+9)+(-3)=(-4)+(-9)+(-3)$

$=(-13)+(-3)$

$=-16$

12 $(+10)+(-1)-(-7)=(+10)+(-1)+(+7)$

$=(+10)+(+7)+(-1)$

$=(+17)+(-1)$

$=+16$

13 $(-13)-(-6)-(-5)=(-13)+(+6)+(+5)$

$=(-13)+(+11)$

$=-2$

14 $(-14)-(-5)-(+11)=(-14)+(+5)+(-11)$

$=(-14)+(-11)+(+5)$

$=(-25)+(+5)$

$=-20$

15 $(+28)-(+48)+(-34)$

$=(+28)+(-48)+(-34)$

$=(+28)+(-82)$

$=-54$

**16** $(+8)+(-7)-(-0.96)$
$=(+8)+(-7)+(+0.96)$
$=(+1)+(+0.96)$
$=+1.96$

**17** $(+2.7)+(-6)-(-2.3)$
$=(+2.7)+(-6)+(+2.3)$
$=(+2.7)+(+2.3)+(-6)$
$=(+5)+(-6)=-1$

**18** $\left(-\frac{2}{3}\right)-\left(-\frac{4}{5}\right)+\left(-\frac{1}{5}\right)$
$=\left(-\frac{2}{3}\right)+\left(+\frac{4}{5}\right)+\left(-\frac{1}{5}\right)$
$=\left(-\frac{2}{3}\right)+\left(+\frac{3}{5}\right)$
$=\left(-\frac{10}{15}\right)+\left(+\frac{9}{15}\right)$
$=-\frac{1}{15}$

**19** $\left(-\frac{1}{2}\right)-\left(-\frac{5}{3}\right)-\left(+\frac{5}{6}\right)$
$=\left(-\frac{1}{2}\right)+\left(+\frac{5}{3}\right)+\left(-\frac{5}{6}\right)$
$=\left(-\frac{1}{2}\right)+\left(-\frac{5}{6}\right)+\left(+\frac{5}{3}\right)$
$=\left(-\frac{3}{6}\right)+\left(-\frac{5}{6}\right)+\left(+\frac{5}{3}\right)$
$=\left(-\frac{8}{6}\right)+\left(+\frac{5}{3}\right)$
$=\left(-\frac{4}{3}\right)+\left(+\frac{5}{3}\right)=+\frac{1}{3}$

**20** $(+6.4)-\left(+\frac{3}{5}\right)-(-4)$
$=(+6.4)+\left(-\frac{3}{5}\right)+(+4)$
$=(+6.4)+(+4)+\left(-\frac{3}{5}\right)$
$=(+10.4)+\left(-\frac{3}{5}\right)$
$=\left(+\frac{52}{5}\right)+\left(-\frac{3}{5}\right)=+\frac{49}{5}$

**21** ㉠ 덧셈의 교환법칙
㉡ 덧셈의 결합법칙

## ACT 34

106~107쪽

**11** $-7+4=(-7)+(+4)=-3$

**12** $10-17=(+10)-(+17)$
$=(+10)+(-17)=-7$

**13** $-8+\frac{1}{2}=(-8)+\left(+\frac{1}{2}\right)$
$=\left(-\frac{16}{2}\right)+\left(+\frac{1}{2}\right)$
$=-\frac{15}{2}$

**14** $4+3-8=(+4)+(+3)-(+8)$
$=(+4)+(+3)+(-8)$
$=(+7)+(-8)$
$=-1$

**15** $3-6-5=(+3)-(+6)-(+5)$
$=(+3)+(-6)+(-5)$
$=(+3)+(-11)$
$=-8$

**16** $-4-9-2=(-4)-(+9)-(+2)$
$=(-4)+(-9)+(-2)$
$=(-13)+(-2)$
$=-15$

**17** $5-9+6=(+5)-(+9)+(+6)$
$=(+5)+(-9)+(+6)$
$=(+5)+(+6)+(-9)$
$=(+11)+(-9)$
$=+2$

**18** $3-\frac{6}{5}+\frac{11}{15}=(+3)-\left(+\frac{6}{5}\right)+\left(+\frac{11}{15}\right)$
$=(+3)+\left(-\frac{6}{5}\right)+\left(+\frac{11}{15}\right)$
$=(+3)+\left(-\frac{18}{15}\right)+\left(+\frac{11}{15}\right)$
$=\left(+\frac{45}{15}\right)+\left(-\frac{18}{15}\right)+\left(+\frac{11}{15}\right)$
$=\left(+\frac{45}{15}\right)+\left(+\frac{11}{15}\right)+\left(-\frac{18}{15}\right)$
$=\left(+\frac{56}{15}\right)+\left(-\frac{18}{15}\right)=+\frac{38}{15}$

**19** $-\frac{3}{10}-\frac{1}{5}-\frac{7}{2}=\left(-\frac{3}{10}\right)-\left(+\frac{1}{5}\right)-\left(+\frac{7}{2}\right)$
$=\left(-\frac{3}{10}\right)+\left(-\frac{1}{5}\right)+\left(-\frac{7}{2}\right)$
$=\left(-\frac{3}{10}\right)+\left(-\frac{2}{10}\right)+\left(-\frac{35}{10}\right)$
$=\left(-\frac{5}{10}\right)+\left(-\frac{35}{10}\right)$
$=-\frac{40}{10}=-4$

**20** $6.3+5.1-2.28=(+6.3)+(+5.1)-(+2.28)$
$=(+6.3)+(+5.1)+(-2.28)$
$=(+11.4)+(-2.28)$
$=+9.12$

**21** $0.5-45.7+3.5=(+0.5)-(+45.7)+(+3.5)$
$=(+0.5)+(-45.7)+(+3.5)$
$=(+0.5)+(+3.5)+(-45.7)$
$=(+4)+(-45.7)$
$=-41.7$

**22** $3-0.7-\frac{11}{10}=(+3)-(+0.7)-\left(+\frac{11}{10}\right)$
$=(+3)+(-0.7)+\left(-\frac{11}{10}\right)$
$=\left(+\frac{30}{10}\right)+\left(-\frac{7}{10}\right)+\left(-\frac{11}{10}\right)$
$=\left(+\frac{30}{10}\right)+\left(-\frac{18}{10}\right)$
$=+\frac{12}{10}=+\frac{6}{5}$

**23** ① $2+5-6=(+2)+(+5)-(+6)$
$=(+2)+(+5)+(-6)$
$=(+7)+(-6)$
$=+1$

② $-7+3+5=(-7)+(+3)+(+5)$
$=(-7)+(+8)$
$=+1$

③ $-6+12-5=(-6)+(+12)-(+5)$
$=(-6)+(+12)+(-5)$
$=(-6)+(-5)+(+12)$
$=(-11)+(+12)$
$=+1$

④ $-\frac{7}{4}+\frac{3}{5}+\frac{3}{20}=\left(-\frac{7}{4}\right)+\left(+\frac{3}{5}\right)+\left(+\frac{3}{20}\right)$
$=\left(-\frac{35}{20}\right)+\left(+\frac{12}{20}\right)+\left(+\frac{3}{20}\right)$
$=\left(-\frac{35}{20}\right)+\left(+\frac{15}{20}\right)$
$=-\frac{20}{20}=-1$

⑤ $1.7-2.2+1.5=(+1.7)-(+2.2)+(+1.5)$
$=(+1.7)+(-2.2)+(+1.5)$
$=(+1.7)+(+1.5)+(-2.2)$
$=(+3.2)+(-2.2)$
$=+1$

따라서 계산 결과가 다른 것은 ④이다.

## ACT 35

108~109쪽

**02** $-7+13-6=-7-6+13$
$=(-7-6)+13$
$=-13+13=0$

**03** $-15+8+2=-15+(8+2)$
$=-15+10=-5$

**04** $8-17+3=8+3-17$
$=(8+3)-17$
$=11-17=-6$

**05** $-9+17-14=-9-14+17$
$=(-9-14)+17$
$=-23+17=-6$

**07** $-\frac{7}{9}+3-11=-\frac{7}{9}+(3-11)$
$=-\frac{7}{9}-8$
$=-\frac{7}{9}-\frac{72}{9}=-\frac{79}{9}$

**08** $-\frac{5}{6}+10+\frac{1}{2}=-\frac{5}{6}+\frac{1}{2}+10$
$=\left(-\frac{5}{6}+\frac{1}{2}\right)+10$
$=\left(-\frac{5}{6}+\frac{3}{6}\right)+10$
$=-\frac{1}{3}+10$
$=-\frac{1}{3}+\frac{30}{3}=\frac{29}{3}$

**09** $10-\frac{1}{6}-6=10-6-\frac{1}{6}$
$=(10-6)-\frac{1}{6}$
$=4-\frac{1}{6}$
$=\frac{24}{6}-\frac{1}{6}=\frac{23}{6}$

**11** $6-9-5+2=6+2-9-5$
$=8-14=-6$

**12** $4-7-6+1=4+1-7-6$
$=5-13=-8$

**13** $8+1-10+2=8+1+2-10$
$=11-10=1$

**14** $1-8+2+8=1+2+8-8$
$=3+0=3$

15 $-3-7+5-10=-3-7-10+5$
$=-20+5=-15$

16 $13-5-10+4=13+4-5-10$
$=17-15=2$

18 $\frac{3}{8}-2+6-\frac{5}{4}=\frac{3}{8}-\frac{5}{4}-2+6$
$=-\frac{7}{8}+4$
$=-\frac{7}{8}+\frac{32}{8}=\frac{25}{8}$

19 $5+\frac{3}{4}-\frac{1}{2}-\frac{5}{4}=5-\frac{1}{2}+\frac{3}{4}-\frac{5}{4}$
$=5-\frac{1}{2}-\frac{2}{4}$
$=5-1=4$

20 $0.5+\frac{11}{3}-\frac{16}{9}-3.5=0.5-3.5+\frac{11}{3}-\frac{16}{9}$
$=-3+\frac{17}{9}$
$=-\frac{27}{9}+\frac{17}{9}=-\frac{10}{9}$

21 $3.7-\frac{5}{2}+5.3+\frac{2}{3}=3.7+5.3-\frac{5}{2}+\frac{2}{3}$
$=9-\frac{11}{6}$
$=\frac{54}{6}-\frac{11}{6}=\frac{43}{6}$

22 $-\frac{5}{3}-5.18-0.82+\frac{1}{4}$
$=-\frac{5}{3}+\frac{1}{4}-5.18-0.82$
$=-\frac{17}{12}-6$
$=-\frac{17}{12}-\frac{72}{12}$
$=-\frac{89}{12}$

## ACT 36 110~111쪽

04 −가 2개(짝수) ➡ 계산 결과의 부호는 +

05 −가 3개(홀수) ➡ 계산 결과의 부호는 −

07 $(-5)\times(+7)\times(-6)$
$=(-5)\times(-6)\times(+7)$
$=(+30)\times(+7)=+210$

08 $(-2)\times(+9)\times\left(+\frac{2}{3}\right)$
$=(-2)\times\left\{(+9)\times\left(+\frac{2}{3}\right)\right\}$
$=(-2)\times\left\{+\left(\overset{3}{\cancel{9}}\times\frac{2}{\underset{1}{\cancel{3}}}\right)\right\}$
$=(-2)\times(+6)=-12$

09 $6\times(-6)\div(-4)$
$=(-36)\div(-4)=9$

10 $(-72)\div(-9)\times5$
$=8\times5=40$

11 $\frac{1}{2}\times\left(-\frac{1}{3}\right)\div\frac{5}{6}$
$=\frac{1}{2}\times\left(-\frac{1}{3}\right)\times\frac{6}{5}$
$=-\left(\frac{1}{\underset{1}{\cancel{2}}}\times\frac{1}{\underset{1}{\cancel{3}}}\times\frac{\overset{1}{\cancel{\overset{3}{\cancel{6}}}}}{5}\right)$
$=-\frac{1}{5}$

12 $\left(-\frac{5}{8}\right)\times\left(-\frac{4}{9}\right)\div5$
$=\left(-\frac{5}{8}\right)\times\left(-\frac{4}{9}\right)\times\frac{1}{5}$
$=+\left(\frac{\overset{1}{\cancel{5}}}{\underset{2}{\cancel{8}}}\times\frac{\overset{1}{\cancel{4}}}{9}\times\frac{1}{\underset{1}{\cancel{5}}}\right)$
$=\frac{1}{18}$

13 $(-3)\div\left(-\frac{3}{8}\right)\times\left(-\frac{5}{12}\right)$
$=(-3)\times\left(-\frac{8}{3}\right)\times\left(-\frac{5}{12}\right)$
$=-\left(\overset{1}{\cancel{3}}\times\frac{\overset{2}{\cancel{8}}}{\underset{1}{\cancel{3}}}\times\frac{5}{\underset{3}{\cancel{12}}}\right)$
$=-\frac{10}{3}$

14 $\left(-\frac{10}{7}\right)\div\frac{15}{8}\times\frac{21}{40}$
$=\left(-\frac{10}{7}\right)\times\frac{8}{15}\times\frac{21}{40}$
$=-\left(\frac{\overset{1}{\cancel{10}}}{\underset{1}{\cancel{7}}}\times\frac{\overset{2}{\cancel{8}}}{\underset{5}{\cancel{15}}}\times\frac{\overset{3}{\cancel{21}}}{\underset{\cancel{4}}{\cancel{40}}}\right)$
$=-\frac{2}{5}$

**15** $\left(-\frac{4}{9}\right)\div\frac{13}{15}\times(-5.2)$

$=\left(-\frac{4}{9}\right)\times\frac{15}{13}\times\left(-\frac{26}{5}\right)$

$=+\left(\frac{4}{\underset{3}{\cancel{9}}}\times\frac{\overset{\overset{1}{\cancel{5}}}{\cancel{15}}}{\underset{1}{\cancel{13}}}\times\frac{\overset{2}{\cancel{26}}}{\underset{1}{\cancel{5}}}\right)$

$=\frac{8}{3}$

**16** $\frac{2}{9}\times\left(-\frac{10}{3}\right)\times\left(-\frac{9}{4}\right)\times\frac{3}{20}$

$=+\left(\frac{\overset{1}{\cancel{2}}}{\underset{1}{\cancel{9}}}\times\frac{\overset{1}{\cancel{10}}}{\underset{1}{\cancel{3}}}\times\frac{\overset{1}{\cancel{9}}}{\underset{2}{\cancel{4}}}\times\frac{\overset{1}{\cancel{3}}}{\underset{2}{\cancel{20}}}\right)$

$=\frac{1}{4}$

**17** $\left(-\frac{2}{5}\right)\times\left(-\frac{3}{7}\right)\times5\div\left(-\frac{9}{14}\right)$

$=\left(-\frac{2}{5}\right)\times\left(-\frac{3}{7}\right)\times5\times\left(-\frac{14}{9}\right)$

$=-\left(\frac{2}{\underset{1}{\cancel{5}}}\times\frac{\overset{1}{\cancel{3}}}{\underset{1}{\cancel{7}}}\times\overset{1}{\cancel{5}}\times\frac{\overset{2}{\cancel{14}}}{\underset{3}{\cancel{9}}}\right)$

$=-\frac{4}{3}$

**18** $\left(-\frac{4}{5}\right)\times(-2)\div\left(-\frac{9}{5}\right)\times\frac{3}{4}$

$=\left(-\frac{4}{5}\right)\times(-2)\times\left(-\frac{5}{9}\right)\times\frac{3}{4}$

$=-\left(\frac{\overset{1}{\cancel{4}}}{\underset{1}{\cancel{5}}}\times2\times\frac{\overset{1}{\cancel{5}}}{\underset{3}{\cancel{9}}}\times\frac{\overset{1}{\cancel{3}}}{\underset{1}{\cancel{4}}}\right)$

$=-\frac{2}{3}$

**19** $\frac{11}{8}\times\left(-\frac{4}{15}\right)\div\frac{11}{4}\div(-6)$

$=\frac{11}{8}\times\left(-\frac{4}{15}\right)\times\frac{4}{11}\times\left(-\frac{1}{6}\right)$

$=+\left(\frac{\overset{1}{\cancel{11}}}{\underset{\underset{1}{\cancel{2}}}{\cancel{8}}}\times\frac{\overset{1}{\cancel{4}}}{15}\times\frac{\overset{\overset{1}{\cancel{2}}}{\cancel{4}}}{\underset{1}{\cancel{11}}}\times\frac{1}{\underset{3}{\cancel{6}}}\right)$

$=\frac{1}{45}$

## ACT 37 112~113쪽

**05~08** 음수의 거듭제곱에서 계산 결과의 부호는 밑과 지수가 아무리 커져도 지수가 홀수이면 $-$, 짝수이면 $+$이다.

**20** $3^2\times(-2)=9\times(-2)=-18$

**21** $-2^2\times\left(-\frac{3}{2}\right)^3=-4\times\left(-\frac{27}{8}\right)$

$=+\left(\overset{1}{\cancel{4}}\times\frac{27}{\underset{2}{\cancel{8}}}\right)=\frac{27}{2}$

**22** $\frac{1}{9}\div\left(-\frac{1}{3}\right)^3=\frac{1}{9}\div\left(-\frac{1}{27}\right)$

$=\frac{1}{9}\times(-27)$

$=-\left(\frac{1}{\underset{1}{\cancel{9}}}\times\overset{3}{\cancel{27}}\right)=-3$

**23** $\left(-\frac{3}{4}\right)^2\div(-1)^7=\frac{9}{16}\div(-1)$

$=\frac{9}{16}\times(-1)=-\frac{9}{16}$

**24** $\left(-\frac{5}{14}\right)\div\left(-\frac{4}{7}\right)^2\times(-2^4)$

$=\left(-\frac{5}{14}\right)\div\left(+\frac{16}{49}\right)\times(-16)$

$=\left(-\frac{5}{14}\right)\times\left(+\frac{49}{16}\right)\times(-16)$

$=+\left(\frac{5}{\underset{2}{\cancel{14}}}\times\frac{\overset{7}{\cancel{49}}}{\underset{1}{\cancel{16}}}\times\overset{1}{\cancel{16}}\right)$

$=\frac{35}{2}$

**25** $(-1)^2=(-1)\times(-1)=+1$

$-1^2=-(1\times1)=-1$

$-(-1)^2=-\{(-1)\times(-1)\}$

$=-(+1)=-1$

**26** $(-1)^3=(-1)\times(-1)\times(-1)=-1$

$-1^3=-(1\times1\times1)=-1$

$-(-1)^3=-\{(-1)\times(-1)\times(-1)\}$

$=-(-1)=+1$

## ACT 38 114~115쪽

**02** $11\times(-40-5)=11\times(-40)-11\times5$

$=-440-55=-495$

**03** $7\times(-2+30)=7\times(-2)+7\times30$
$=(-14)+210=196$

**04** $(-36)\times\left\{\left(-\frac{1}{18}\right)+\left(+\frac{3}{4}\right)\right\}$
$=(-36)\times\left(-\frac{1}{18}\right)+(-36)\times\left(+\frac{3}{4}\right)$
$=2+(-27)=-25$

**05** $(-14)\times\left\{\left(-\frac{4}{7}\right)-\frac{1}{2}\right\}$
$=(-14)\times\left(-\frac{4}{7}\right)-(-14)\times\frac{1}{2}$
$=8-(-7)$
$=8+7=15$

**07** $(-10+6)\times8=(-10)\times8+6\times8$
$=(-80)+48=-32$

**08** $(9-50)\times20=9\times20-50\times20$
$=180-1000=-820$

**09** $\left\{\frac{2}{3}+\left(-\frac{3}{5}\right)\right\}\times15$
$=\frac{2}{3}\times15+\left(-\frac{3}{5}\right)\times15$
$=10+(-9)=1$

**10** $\left(\frac{1}{4}-\frac{4}{5}\right)\times(-20)$
$=\frac{1}{4}\times(-20)-\frac{4}{5}\times(-20)$
$=-5-(-16)$
$=-5+16=11$

**12** $3\times(+64)-3\times(+34)$
$=3\times\{(+64)-(+34)\}$
$=3\times30=90$

**13** $(-11)\times8+(-11)\times92$
$=(-11)\times(8+92)$
$=(-11)\times100=-1100$

**14** $1.5\times(-55)+1.5\times(-45)$
$=1.5\times\{(-55)+(-45)\}$
$=1.5\times(-100)=-150$

**15** $(-6)\times3.4+(-6)\times6.6$
$=(-6)\times(3.4+6.6)$
$=(-6)\times10=-60$

**16** $\left(-\frac{2}{5}\right)\times13+\left(-\frac{3}{5}\right)\times13$
$=\left\{\left(-\frac{2}{5}\right)+\left(-\frac{3}{5}\right)\right\}\times13$
$=(-1)\times13=-13$

**17** $\frac{9}{4}\times103-\frac{9}{4}\times23$
$=\frac{9}{4}\times(103-23)$
$=\frac{9}{\cancel{4}_1}\times\cancel{80}^{20}=180$

**18** $\left(-\frac{14}{3}\right)\times\left(-\frac{6}{7}+\frac{9}{2}\right)$
$=\left(-\frac{14}{3}\right)\times\left(-\frac{6}{7}\right)+\left(-\frac{14}{3}\right)\times\frac{9}{2}$
$=4+(-21)=-17$

**19** $\left(-\frac{8}{7}+\frac{1}{4}\right)\times28$
$=\left(-\frac{8}{7}\right)\times28+\frac{1}{4}\times28$
$=-32+7=-25$

**20** $25\times(-5)-25\times15$
$=25\times(-5-15)$
$=25\times(-20)=-500$

**21** $2.18\times(-103)-2.18\times(-3)$
$=2.18\times\{(-103)-(-3)\}$
$=2.18\times(-100)=-218$

**22** $\frac{20}{7}\times10-\frac{6}{7}\times10$
$=\left(\frac{20}{7}-\frac{6}{7}\right)\times10$
$=2\times10=20$

**23** $a\times b=3$, $a\times c=8$이므로
$a\times(b+c)=a\times b+a\times c$
$=3+8=11$

## ACT 39

116~117쪽

**05** $-3+1+\frac{4}{5}\times\left(-\frac{1}{2}\right)\div(-4)$
$=-3+1+\frac{4}{5}\times\left(-\frac{1}{2}\right)\times\left(-\frac{1}{4}\right)$
$=-3+1+\left(\frac{\cancel{4}^1}{5}\times\frac{1}{2}\times\frac{1}{\cancel{4}_1}\right)$
$=-3+1+\frac{1}{10}$
$=-2+\frac{1}{10}$
$=-\frac{20}{10}+\frac{1}{10}$
$=-\frac{19}{10}$

**06** $4-9\times(-2)-(-3)^3$
$=4-9\times(-2)-(-27)$
$=4+18+27$
$=49$

**07** $-3-7-(-4)^2\div2$
$=-3-7-(+16)\div2$
$=-3-7-8$
$=-18$

**08** $81\div(-3)^4+10$
$=81\div81+10$
$=1+10=11$

**09** $5+(-2)^3\div\left(-\frac{4}{3}\right)$
$=5+(-8)\div\left(-\frac{4}{3}\right)$
$=5+(-8)\times\left(-\frac{3}{4}\right)$
$=5+\left(\overset{2}{\cancel{8}}\times\frac{3}{\underset{1}{\cancel{4}}}\right)$
$=5+6=11$

**10** $12\times(-1)^{100}\div6=12\times1\div6=2$

**11** $(17-2)\div3-4\times6=15\div3-4\times6$
$=5-24=-19$

**12** $-8+9\div(4-5)=-8+9\div(-1)$
$=-8-9=-17$

**13** $3-4\div(8-7\times4)=3-4\div(8-28)$
$=3-4\div(-20)$
$=3-4\times\left(-\frac{1}{20}\right)$
$=3+\left(\overset{1}{\cancel{4}}\times\frac{1}{\underset{5}{\cancel{20}}}\right)$
$=3+\frac{1}{5}=\frac{16}{5}$

**14** $18\div(-5-2^2)-3=18\div(-5-4)-3$
$=18\div(-9)-3$
$=(-2)-3=-5$

**15** $(-1)^2\times5-16\div(2-6)=1\times5-16\div(2-6)$
$=1\times5-16\div(-4)$
$=5+4=9$

**16** $5-(-3)^2\div(1-4)\times2=5-9\div(1-4)\times2$
$=5-9\div(-3)\times2$
$=5-(-3)\times2$
$=5+6=11$

**17** $7+5\times\left(-5-\frac{1}{3}\right)\div\frac{20}{9}=7+5\times\left(-\frac{16}{3}\right)\div\frac{20}{9}$
$=7+5\times\left(-\frac{16}{3}\right)\times\frac{9}{20}$
$=7+\left\{-\left(\overset{1}{\cancel{5}}\times\frac{\overset{4}{\cancel{16}}}{\underset{1}{\cancel{3}}}\times\frac{\overset{3}{\cancel{9}}}{\underset{\underset{1}{\cancel{4}}}{\cancel{20}}}\right)\right\}$
$=7-12=-5$

**19** $\frac{1}{6}\div\left(-\frac{1}{2}\right)^3-3\times\left(-\frac{1}{9}\right)$
$=\frac{1}{6}\div\left(-\frac{1}{8}\right)-3\times\left(-\frac{1}{9}\right)$
$=\frac{1}{6}\times(-8)-3\times\left(-\frac{1}{9}\right)$
$=-\frac{4}{3}+\frac{1}{3}$
$=-\frac{3}{3}=-1$

**20** $\left(\frac{1}{2}-\frac{5}{4}\right)^2\times8-\left(-3+\frac{3}{2}\right)$
$=\left(-\frac{3}{4}\right)^2\times8-\left(-3+\frac{3}{2}\right)$
$=\left(+\frac{9}{16}\right)\times8-\left(-\frac{3}{2}\right)$
$=\frac{9}{2}+\frac{3}{2}=\frac{12}{2}=6$

**21** ① $-17+12\div(6-9)=-17+12\div(-3)$
$=-17-4=-21$
② $(-1)^2\times5-16\div(2-6)=1\times5-16\div(-4)$
$=5+4=9$
③ $(-8+10)\times\frac{3}{8}-\frac{3}{4}=\overset{1}{\cancel{2}}\times\frac{3}{\underset{4}{\cancel{8}}}-\frac{3}{4}$
$=\frac{3}{4}-\frac{3}{4}=0$
④ $3-4\div(9-7\times3)=3-4\div(9-21)$
$=3-4\div(-12)$
$=3-4\times\left(-\frac{1}{12}\right)$
$=3+\frac{1}{3}=\frac{10}{3}$
⑤ $(2-8)\div3-13\times(-4)=-6\div3-13\times(-4)$
$=-2+52=50$
따라서 계산 결과가 옳지 않은 것은 ②이다.

118~119쪽

**05** $-\{5-(-2+8)\}+3$
$=-(5-6)+3$
$=1+3=4$

**06** $-12+\{10\div(3-8)\}$
$=-12+(-2)=-14$

**07** $\{(-4+7)\times(-2)\}\div(-3)$
$=\{3\times(-2)\}\div(-3)$
$=(-6)\div(-3)=2$

**08** $16\div\{3\times(-3)+(7-2)\}+8$
$=16\div\{3\times(-3)+5\}+8$
$=16\div(-9+5)+8$
$=16\div(-4)+8$
$=-4+8=4$

**09** $6-4\times\{(5-2)\times 8\}\div 3$
$=6-4\times(3\times 8)\div 3$
$=6-4\times 24\div 3$
$=6-96\div 3$
$=6-32=-26$

**10** $[-4\times\{-3-(2+7)\div 3\}]\div 6$
$=\{-4\times(-3-9\div 3)\}\div 6$
$=\{-4\times(-3-3)\}\div 6$
$=\{-4\times(-6)\}\div 6=4$

**11** $15-[3-\{2\times(-5)-(3-7)\}]\times 6$
$=15-\{3-(-10+4)\}\times 6$
$=15-(3+6)\times 6$
$=15-54=-39$

**12** $30-\{4+(-2)^3\times 4-11\}$
$=30-\{4+(-8)\times 4-11\}$
$=30-\{4+(-32)-11\}$
$=30-(-28-11)$
$=30+39=69$

**13** $-5^2\times\{20\div(2-7)\}-4$
$=-25\times\{20\div(-5)\}-4$
$=-25\times(-4)-4$
$=100-4=96$

**14** $4\times(-3)^2\div\{-9+7-(-1)^5\}$
$=4\times 9\div\{-9+7-(-1)\}$
$=4\times 9\div(-9+7+1)$
$=36\div(-1)=-36$

**15** $3-[(-1)^3+\{(-2)^3\times 3+4\}\div(-2^2)]$
$=3-[-1+\{(-8)\times 3+4\}\div(-4)]$
$=3-\{-1+(-24+4)\div(-4)\}$
$=3-\{-1+(-20)\div(-4)\}$
$=3-(-1+5)$
$=3-4=-1$

**16** $\frac{1}{2}-\left\{\frac{1}{5}\div 0.15-\frac{1}{2}\times\left(-\frac{2}{3}\right)\right\}$
$=\frac{1}{2}-\left\{\frac{1}{5}\div\frac{3}{20}-\frac{1}{2}\times\left(-\frac{2}{3}\right)\right\}$
$=\frac{1}{2}-\left\{\frac{1}{5}\times\frac{20}{3}-\frac{1}{2}\times\left(-\frac{2}{3}\right)\right\}$
$=\frac{1}{2}-\left\{\frac{4}{3}-\left(-\frac{1}{3}\right)\right\}$
$=\frac{1}{2}-\left(\frac{4}{3}+\frac{1}{3}\right)$
$=\frac{1}{2}-\frac{5}{3}=-\frac{7}{6}$

**17** $2-\left\{\frac{1}{5}+2\times 4\div(-2)^2-2\right\}\times 10$
$=2-\left(\frac{1}{5}+2\times 4\div 4-2\right)\times 10$
$=2-\left(\frac{1}{5}+2-2\right)\times 10$
$=2-\frac{1}{\cancel{5}_1}\times\cancel{10}^2$
$=2-2=0$

**18** $-8\times\left[\frac{1}{4}-\left\{\frac{1}{2}\div\left(-\frac{4}{7}\right)+1\right\}\right]$
$=-8\times\left[\frac{1}{4}-\left\{\frac{1}{2}\times\left(-\frac{7}{4}\right)+1\right\}\right]$
$=-8\times\left\{\frac{1}{4}-\left(-\frac{7}{8}+1\right)\right\}$
$=-8\times\left(\frac{1}{4}-\frac{1}{8}\right)$
$=-8\times\frac{1}{8}=-1$

**19** $\left[\frac{5}{2}+3\div\left\{3\times\left(\frac{1}{2}\right)^2\div\frac{3}{4}-7\right\}\right]\div 8$
$=\left\{\frac{5}{2}+3\div\left(3\times\frac{1}{4}\times\frac{4}{3}-7\right)\right\}\div 8$
$=\left\{\frac{5}{2}+3\div(1-7)\right\}\div 8$
$=\left\{\frac{5}{2}+3\times\left(-\frac{1}{6}\right)\right\}\div 8$
$=\left\{\frac{5}{2}+\left(-\frac{1}{2}\right)\right\}\div 8$
$=2\div 8=2\times\frac{1}{8}=\frac{1}{4}$

**20** $\frac{1}{3}-\frac{1}{2}\times\left(\frac{1}{5}\div 0.2-\frac{2}{3}\times 0.5^2\right)$
$=\frac{1}{3}-\frac{1}{2}\times\left\{\frac{1}{5}\div\frac{1}{5}-\frac{2}{3}\times\left(\frac{1}{2}\right)^2\right\}$
$=\frac{1}{3}-\frac{1}{2}\times\left(\frac{1}{5}\div\frac{1}{5}-\frac{2}{3}\times\frac{1}{4}\right)$
$=\frac{1}{3}-\frac{1}{2}\times\left(1-\frac{1}{6}\right)$
$=\frac{1}{3}-\frac{1}{2}\times\frac{5}{6}=\frac{1}{3}-\frac{5}{12}$
$=\frac{4}{12}-\frac{5}{12}=-\frac{1}{12}$

## ACT+ 41 120~121쪽

**02** ① $(-1)^2=1$
② $-(-1)^4=-(+1)=-1$
③ $-1^5=-1$
④ $-\{-(-1)\}^3=-(+1)^3=-1$
⑤ $(-1)^{11}=-1$
따라서 계산 결과가 다른 것은 ①이다.

**03** $(-1)^{103}=-1$, $(-1)^{100}=1$, $(-1)^{101}=-1$
➡ $-\{(-1)^{103}-(-1)^{100}\}-(-1)^{101}$
$=-\{(-1)-1\}-(-1)$
$=-(-2)-(-1)$
$=2+1=3$

**04** (2) $n$이 짝수이면 $n+1$은 홀수이다.
(3) $n$이 짝수이면 $n+2$는 짝수이다.

**05** (2) $n$이 홀수이면 $n+3$은 짝수이다.
(3) $n$이 홀수이면 $n+10$은 홀수이다.

**06** $n$이 홀수이므로 $n+1$은 짝수, $n+2$는 홀수이다.
$\therefore (-1)^n+(-1)^{n+1}-(-1)^{n+2}$
$=(-1)+1-(-1)$
$=-1+1+1=1$

**07** $a$는 양수이므로 $+1$, $b$는 음수이므로 $-1$을 넣어 비교한다.
(1) $-a=-(+1)=-1$ $\quad\therefore -a<0$
(2) $b-a=(-1)-(+1)=-2$ $\quad\therefore b-a<0$
(3) $a\times b=(+1)\times(-1)=-1$ $\quad\therefore a\times b<0$
(4) $a\div b=(+1)\div(-1)=-1$ $\quad\therefore a\div b<0$

**08** $a>0$, $b<0$이므로 $a$ 대신 $+1$, $b$ 대신 $-1$을 넣어 비교한다.
① $a+b=(+1)+(-1)=0$
② $a+b^2=(+1)+(-1)^2$
$=1+1=+2(>0)$
③ $-a+b=-(+1)+(-1)=-1-1=-2(<0)$
④ $b\times a=(-1)\times(+1)=-1(<0)$
⑤ $\dfrac{b}{a}=\dfrac{-1}{+1}=-1(<0)$
따라서 항상 옳은 것은 ③이다.

**09** $a<0$이므로 $a$ 대신 $-1$, $b>0$이므로 $b$ 대신 $+1$을 넣어 비교한다.
① $a-b=(-1)-(+1)=-1-1=-2(<0)$
② $a^2+b^2=(-1)^2+(+1)^2=1+1=2(>0)$
③ $a\times b=(-1)\times(+1)=-1(<0)$
④ $b\div a=(+1)\div(-1)=-1(<0)$
⑤ $(-a)\times(-b)=\{-(-1)\}\times\{-(+1)\}$
$=(+1)\times(-1)=-1(<0)$
따라서 항상 양수인 것은 ②이다.

**10** $a\times b<0$이면 $a$와 $b$의 부호가 서로 다르고, $a>b$이므로 $a$는 양수$(+)$, $b$는 음수$(-)$이다. $a$ 대신 $+1$, $b$ 대신 $-1$을 넣어 비교한다.
(3) $-a+b=-(+1)+(-1)=-1-1=-2$
$\therefore -a+b<0$
(4) $a-b=(+1)-(-1)=1+1=+2$
$\therefore a-b>0$

**11** $a\div b<0$이면 $a$와 $b$의 부호가 서로 다르고, $a<b$이므로 $a$는 음수$(-)$, $b$는 양수$(+)$이다. $a$ 대신 $-1$, $b$ 대신 $+1$을 넣어 비교한다.
(3) $b-a=(+1)-(-1)=1+1=2$
$\therefore b+a>0$
(4) $a^2+b=(-1)^2+(+1)=1+1=2$
$\therefore a^2+b>0$

**12** $a>0$, $a+b<0$이면 $b$는 $|a|<|b|$인 음수이다.
즉, $a>0$, $b<0$이므로 $a\times b<0$이다.

## TEST 04 122~123쪽

**02** $(+11)-(-3)+(-6)$
$=(+11)+(+3)+(-6)$
$=(+14)+(-6)$
$=+8$
따라서 처음으로 잘못된 곳은 ㉠이다.

**04** $(-9)-(-6)+(-4)$
$=(-9)+(+6)+(-4)$
$=(-9)+(-4)+(+6)$
$=(-13)+(+6)$
$=-7$

**05** $\left(+\dfrac{4}{5}\right)+\left(-\dfrac{2}{3}\right)-\left(+\dfrac{1}{5}\right)$
$=\left(+\dfrac{4}{5}\right)+\left(-\dfrac{2}{3}\right)+\left(-\dfrac{1}{5}\right)$
$=\left(+\dfrac{4}{5}\right)+\left(-\dfrac{1}{5}\right)+\left(-\dfrac{2}{3}\right)$
$=\left(+\dfrac{3}{5}\right)+\left(-\dfrac{2}{3}\right)$
$=\left(+\dfrac{9}{15}\right)+\left(-\dfrac{10}{15}\right)$
$=-\dfrac{1}{15}$

**06** $3-8-4+7=3+7-8-4$
$=10-12$
$=-2$

07 $2.7-1.3+4.6=2.7+4.6-1.3$
$=7.3-1.3=6$

08 ㉠ 곱셈의 교환법칙
㉡ 곱셈의 결합법칙

09 세 수 이상의 곱셈에서 음수가 짝수 개이면 곱의 부호가 $+$, 음수가 홀수 개이면 곱의 부호가 $-$이다.
① $(-2)\times 6\times(-5)=+(2\times 6\times 5)=60$
② $24\div(-8)\times(-3)=24\times\left(-\frac{1}{8}\right)\times(-3)$
$=+\left(\overset{3}{\cancel{24}}\times\frac{1}{\underset{1}{\cancel{8}}}\times 3\right)$
$=9$
③ $(-3)\times(+8)\times(-1)\times(+10)$
$=+(3\times 8\times 1\times 10)=240$
④ $\frac{1}{7}\times 4.9\times(-2)=-\left(\frac{1}{\underset{1}{\cancel{7}}}\times\frac{\overset{7}{\cancel{49}}}{\underset{5}{\cancel{10}}}\times\overset{1}{\cancel{2}}\right)$
$=-\frac{7}{5}$
⑤ $(-36)\div 4\div\left(-\frac{3}{2}\right)=(-36)\times\frac{1}{4}\times\left(-\frac{2}{3}\right)$
$=+\left(\overset{3}{\cancel{36}}\times\frac{1}{\underset{1}{\cancel{4}}}\times\frac{2}{\underset{1}{\cancel{3}}}\right)$
$=6$
따라서 계산 결과가 음수인 것은 ④이다.

10 ① $(-1)^2=1$ ② $(-1)^3=-1$
③ $-2^2=-4$ ④ $(-2)^2=4$
⑤ $(-2)^3=-8$
따라서 가장 작은 수는 ⑤이다.

11 ② $(-4)\times 105-(-4)\times 5$
$=(-4)\times(105-5)$
$=(-4)\times 100=-400$
⑤ $\frac{3}{7}\times\left(-\frac{1}{2}\right)+\frac{3}{7}\times\left(-\frac{2}{3}\right)$
$=\frac{3}{7}\times\left\{\left(-\frac{1}{2}\right)+\left(-\frac{2}{3}\right)\right\}$
$=\frac{3}{7}\times\left\{\left(-\frac{3}{6}\right)+\left(-\frac{4}{6}\right)\right\}$
$=\frac{3}{7}\times\left(-\frac{7}{6}\right)=-\frac{1}{2}$

12 $\frac{2}{3}\times\left(-\frac{9}{4}\right)\div\left(-\frac{6}{5}\right)=+\left(\frac{\overset{1}{\cancel{2}}}{\underset{1}{\cancel{3}}}\times\frac{\overset{\overset{1}{\cancel{3}}}{\cancel{9}}}{\underset{2}{\cancel{4}}}\times\frac{5}{\underset{2}{\cancel{6}}}\right)$
$=\frac{5}{4}$

13 $(-3)^2\div\frac{27}{10}=\overset{1}{\cancel{9}}\times\frac{10}{\underset{3}{\cancel{27}}}$
$=\frac{10}{3}$

14 $(-13)\times 94+(-13)\times 6$
$=(-13)\times(94+6)$
$=(-13)\times 100$
$=-1300$

15 $(-2)^3-(-37+5)\div 4$
$=-8-(-32)\div 4$
$=-8-(-8)$
$=-8+8$
$=0$

17 $10+\left[-24\times\left\{\left(\frac{2}{3}-\frac{3}{4}\right)+1\right\}\right]$
$=10+\left[-24\times\left\{\left(\frac{8}{12}-\frac{9}{12}\right)+1\right\}\right]$
$=10+\left\{-24\times\left(-\frac{1}{12}+\frac{12}{12}\right)\right\}$
$=10+\left(-24\times\frac{11}{12}\right)$
$=10+(-22)$
$=-12$

18 ①, ②, ④, ⑤ 1
③ $-1$

19 $(-1)+(-1)^2+(-1)^3+\cdots+(-1)^{100}$
$=\{(-1)+(+1)\}+\{(-1)+(+1)\}$
$+\cdots+\{(-1)+(+1)\}$
$=0+0+\cdots+0$
$=0$

20 $a<0$, $b<0$이므로 $a$ 대신 $-1$을 넣고, $b$ 대신 $-1$을 넣어 비교한다.
① $a+b=(-1)+(-1)=-2<0$
② $a-b=(-1)-(-1)=(-1)+(+1)=0$
③ $b-a=(-1)-(-1)=(-1)+(+1)=0$
④ $a\times b=(-1)\times(-1)=+1>0$
⑤ $a\div b=(-1)\div(-1)=+1>0$
따라서 항상 음수인 것은 ①이다.